TSUKUBASHOBO-BOOKLET

暮らしのなかの食と農——68

新基本法見直しへの視点

田代洋一 著
Tashiro Yoichi

筑波書房ブックレット

はじめに

　2020年9月、7年8カ月にわたった安倍政権が幕を閉じた。菅政権は安倍官邸農政を忠実に引き継ぐつもりだったが、時代はそれを許さなかった。地球温暖化対策、カーボンニュートラルの世界的な潮流が日本にも押し寄せたからである。その意味で、みどりの食料システム戦略の策定は新しい農政の取組みを告げた。これを機に日本農政は変らねばならない。

　米中対立の地政学が展開している最中、2022年2月24日ロシアがウクライナを侵略した。1970年代の「食料=第三の武器」論が世界的規模で現実のものとなった。世界は食料不足と価格高騰にみまわれ、経済安全保障（生産資材）、食料安全保障が改めて緊急の政策課題となっている（第1章）。

　そのなかで日本では、食料・農業・農村基本法の見直しが俎上にのぼっている。新基本法の柱は、建前上は食料自給率の向上、本音は効率的・安定的経営の育成である。しかるに、建前の自給率は向上どころか低下、本音の方でも「担い手」だけでは農地を守り切れず、半農半Xに期待するまでに至った。

　その二点からしても、新基本法は見直しを迫られている。そこで問われているのは、食料自給率・自給力向上、食料安全保障（第2章）、カーボンニュートラル（第3章）の三点セットの内的関連をいかに構築するかである。農地、とりわけ「田んぼダム」の保全と農業・農村の担い手の確保がそのカギをにぎる（第4、5章）。

　そのような課題を国民のものとするためには民主主義が欠かせない。いま、食料とともに民主主義が揺らいでいる。その関連で直近の選挙を追跡した（第6章）。

　本書は、2022年前半に発表した元稿に第5章を加えたものだが、元稿の修正は、重複を省いたり図表、注を加除したりにとどめ（文体も統一していない）、その後の事態、見解の変更等は章節末に［補］として述べた。

　2022年7月

田代　洋一

目　次

第1章　激動する世界の中で

Ⅰ．RCEPをめぐって

1．RCEPの日本農業への影響

世界最大FTAの成立

　日本をとりまくFTA（自由貿易圏）等を**図1-1**に示した[1]。これをもって、日本は主要国とのFTA（自由貿易協定）やメガFTAの追求に区切りをつけ、総自由化時代に突入した。

　このうちRCEP（アールセップ、「地域的な包括的経済連携」）は2022年1月1日に発効した。参加国は、ASEAN（東南アジア諸国連合）10カ国、日中韓、豪・ニュージーランドの3つグループ、計15カ国である。GDP、貿易、人口の各3割を占める世界最大のFTAの成立である。日本にとっては、貿易の46％を占める最大の相手である。日本はASEAN諸国や豪・ニュージーランドとは既にFTA、TPPを結んでいるので、新たな相手国は中韓である。政治的対立が災いしてFTAを結べなかった中韓を含むFTAの成立は、日本にとって画期的である。

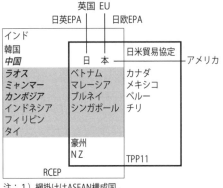

図1-1　日本をめぐる通商圏―2022年―

注：1）網掛けはASEAN構成国。
　　2）RCEPから斜体4国を除き、アメリカを加えたのがIPEF。

（1）このうち、TPP11、日欧EPA、日米貿易協定については、拙著『コロナ危機下の農政時論』筑波書房、2020年、第1章、日英EPAについては拙稿「RCEP、日英EPAと日本の課題」『月刊NOSAI』2021年2月号。

RCEPの大きな経済効果

しかし図体がでかいだけでは話にならない。政府は2021年3月に、RCEPの経済効果（同協定による10〜20年後のGDP水準の押し上げ効果）を2.7％とする分析を公表した。同じ方式による政府推計を**表1-1**にまとめておいたが、RCEPは最大の経済効果をもつ。アメリカが入っていた元のTPPより大きいことに注目すべきだ。

押し上げ効果の内訳をみると、まず輸入によるマイナス効果がTPPよりはるかに大きく、RCEP内における加工貿易立国としての立ち位置が際立つ。そして本命のプラス効果では、民間消費、輸出、投資のいずれもTPPより大きい。

２つの問題がある。第一に、この分析は、〈関税削減・貿易円滑化→生産性向上→**賃金上昇**→実質所得増加→消費・貯蓄・投資増加→GDP増大〉モデルを前提にしているが、日本はここ30年、賃金が上昇していない。それを果たして変えられるか。

第二に、農林水産物は、関税が引き下げられても生産基盤強化政策により国内生産が減らないという農水省見解をそのままモデルに挿入しており、仮定としても余りに客観性に乏しく、輸入のマイナス効果が過少になる可能性が強い。

表1-1　メガFTAによる日本のGDP押し上げ効果試算

単位：%

	TPP12	TPP11	日欧EPA	RCEP
輸出	0.60	0.36	0.24	**0.8**
投資	0.57	0.36	0.24	0.7
民間消費	1.59	0.90	0.60	1.8
政府消費	0.43	0.24	0.17	0.5
輸入	-0.61	-0.33	-0.28	**-1.1**
合計	2.59	1.48	0.99	**2.7**
試算年次	2015.12	2017.1	2017.11	2021.3

注：1）内閣官房、外務省等各省による。
　　2）試算方法は2015年に準拠したもの。

工業製品中心の貿易促進

RCEPの関税撤廃率は91％になる（TPPの関税撤廃率は99％）。日本関係については政府公表の数字（2021年11月15日）を**表1-2**にまとめておい

表1-2　RCEPの関税撤廃率（品目ベース） 単位：％

		ASEAN等	中国	韓国
日本の関税撤廃率	全体	88	86	81
	工業製品	99	98	93
	農林水産品	61	56	49
相手国の対日関税撤廃率	全体	86~100	86	83
	工業製品		86	92

注：1）外務省等「RCEP協定に関するファクトシート」
　　　（2020年11月）による。
　　2）空欄及び相手国の撤廃率の農林水産品については記述
　　　なし。

た。日本の関税撤廃率は、工業が90％超と高いのに対して、農業は50～60％台と低い（TPP、日欧FTAでは各82％）。

相手国の関税撤廃率は92％になる。政府は、工業製品、とくに自動車部品の関税撤廃を強調する。具体的には中国の関税撤廃は、電気自動車、ガソリン車のエンジン、カムシャフト、エンジン用ポンプ等の部品や一部、韓国のそれは電動自動車の電子系部品、シートベルト、ゴムタイヤ、カムシャフト、エアバック等の一部や部品等といったところである。完成車は対ラオス、ミャンマーに限定される。中国への自動車部品の輸出は年5兆円（経産省）とされ、日本の対中国輸出の1/3を占めるが、それがさらに増える。

RCEPの関税撤廃率はTPP11等より低いが、問題はたんなる撤廃率ではなく、対中国向けの自動車部品に見られるように、輸出量の大きさである。そのことは輸出のGDP押し上げ効果の高さに如実である。

農政は輸出促進を強調

輸入農産物の関税撤廃について、農政は3つの品目に分けている。

①重要5品目（米、麦、牛肉・豚肉、乳製品、甘味資源作物）…関税の削減・撤廃の対象外。

②加工用・業務用で国産品の巻き返しを図りたい品目…関税削減・撤

廃の対象外（たまねぎ、ねぎ、にんじん、しいたけ、冷凍さといも・ブロッコリー等）。

③国産だけでは需要を賄えない品目、国産と棲み分けできている品目…対中国で長期の関税撤廃期間を確保（冷凍の野菜調整品、乾燥野菜等）。対韓国で野菜は基本的に削減・撤廃の対象外。

③については、以上の例示品目のほかに次のような品目がある（農水省生産局「市場アクセス交渉の結果概要—畜産物、園芸作物等」2022年1月1日）。

a．段階的に関税を削減して16年目に撤廃…トマト、カリフラワー、キャベツ、結球レタス、ほうれん草、果物では梨（以上は16年目）、キウイ、柿（11年目）等。

b．15年までは関税を維持し16年目に撤廃…結球キャベツ、ごぼう、えんどう、アスパラ、スイートコーン、かぼちゃ、メロン等。

いずれにしても16年目に関税撤廃だが、その間に、変化の激しい食料産業では嗜好や加工技術等の変化がいくらでもありうる。そもそも韓国に対して全面対象外としながら、中国産は撤廃というのも説明不足である。

2021年4月の参院本会議で、農業への影響試算を行わない理由について質問された農水大臣は、撤廃品目は「棲み分けができている」ので、国内農業への「特段の影響はない」、よって試算を「行う予定はない」とした。農水省は一貫して生産基盤強化策で国内生産の減はないという建前論をとっているので、試算はそもそも無意味なのである。

代りに農水省が強調するのは、相手国の関税削減・撤廃による輸出促進だ。具体的には中国について、米菓、パックご飯、みそ、醤油、清酒、チョコレート等、韓国について米菓、清酒、板チョコ等である。その他、中国について畜産物、果実等が農水省リストにはズラリとな

10

らんでいるが、その「注」に曰く、「現在、検疫等の理由から輸出できない品目（検疫協議中のものを含む）」とあり、絵に描いた餅だ。本気で輸出を言うなら、現在の得意先である台湾や香港のRCEP参加に真剣に取り組むべきだろう。

TPPや日欧EPAでは畜産物が焦点だったが、アジア相手のRCEPでは野菜や果物が焦点になった。そこでは短期的な影響は避けたが、自由化した品目についての中長期的な影響は不明である。輸出についてはパックご飯や清酒には一定の可能性があろう。

2．RCEPとTPPの地政学

RCEPにおける先進国と途上国

RCEPは、工業vs.農業、先進国vs.途上国、TPPvs.RCEP、中国vs.米国という4つの視角で捉える必要がある。

RCEPは農産物の輸入関税の撤廃に比して工業製品の撤廃率が高い。また貿易ルール面で、参加国Aが参加国B・C…の原材料を使用した場合、A国の原材料とみなすルール（「累積」）を採っている。これはRCEP内にサプライチェーンを張りめぐらせている日本企業が、域内から部品輸入して製造した製品の輸出について関税撤廃の恩恵を受けられる点で極めて有利である。つまりRCEPは工業製品の自由化を主流とした先進工業国優位のFTAである。

RCEP内には、一人当たりGDPが6万ドル以上の先進国から5千ドルに満たない後発途上国まで巨大な格差があり、RCEPはその格差を拡大する方向に作用する。

それに歯止めをかけないと、5年ごとの見直しに際して、勝ち組・日本には農産物輸入圧力がかかる可能性が大きい。それは中韓からもありうる。日本はタイやフィリピンとのFTAに際して、「みどりのア

ジア連携戦略」で、アジアの貧困解消に寄与することと引き換えにコメ輸入を回避した経験があるが、そのような経験を今日に活かす必要がある。

RCEPとTPPの地政学

RCEPは元々は中韓のイニシアティブで具体化がめざされ、その中国主導に危機感をもった日本が、豪・ニュージーランド・印を加えた対案を出した。この二案が2011年にRCEPに統合され、2013年から交渉が始まった。その2013年、日本はTPP交渉に参加し、中国はTPPに対抗する一帯一路構想を打ち上げた。TPPとRCEPは相互にもつれあいつつ、アジア太平洋地域における主導権争いの場になっている。その地政学が問われる。

翳るアメリカのプレゼンス

アメリカは、バイデン政権に変わってもTPP復帰モードにはない。その理由を、トランプ政権は「中国がいずれ入ってくるから」、バイデン政権は「TPPはもう古い」などとしているが、TPPに参加したら国内製造業がもたないというのが真相だ。そこまで国内の格差と亀裂が深まっている。そのアメリカにとって通商戦略の突破口は、金融、IT、そして農業になる。

アメリカにとって、中国が主導権を握りかねないRCEPがアジア太平洋地域に成立したことの衝撃は計り知れない。バイデンはQuad（クアッド、日米豪印による経済安全保障や気候変動対策）や日米の新たな経済協議を打ち出しているが［補］、いずれも「協議」の場に過ぎず、経済圏の形成ではない。TPPからの離脱とRCEPの成立は、アメリカのアジアにおけるプレゼンス喪失の一里塚だ。

中国の覇権戦略

それに対し中国はRCEPのGDPの55％、貿易の46％を占める圧倒的存在として、RCEPのど真ん中にRCEPを貫通させ、ヨーロッパに至ろうとしている。

その中国に台湾はRCEP参加を拒まれた。今や台湾は中国とTPP11参加の先陣争いをしている。それに対して中国は、台湾よりも先にTPP11に参加して、台湾の参加を阻み、さらにアメリカの参加も阻止するか、少なくともアメリカがTPP参加しようとする際に持ち出すであろう条件を拒否しようとしている。

中国のTPP参加はハードルが高いといわれるが、RCEPで「安全保障のための例外規定」を勝ち取った。同じ伝でTPPのハードルもクリアする、できなければRCEPの拠点を固めることで、アメリカに成り代わって「自由貿易の旗手」になる。これが中国の腹だ。

新段階の日本の課題

日本は、アメリカのTPP復帰、インドのRCEP参加で中国に対抗しようとしたが、いずれも頓挫した。そして今、日本が主導権を握るTPP11に英、中、台、韓が名乗りを上げ、タイ、エクアドル、コロンビアも関心を示す。日本に求められているのは、他国頼みではない自前の通商外交戦略である。その点でRECPはいくつかのことを示唆する。

第一に、RCEPの成立をもって世界のメガFTA追求の時代は終わった。アジアの目標はFTAAP（アジア太平洋自由貿易圏）の形成であり、またTPP11、RCEPへの参加問題が残されてはいるが、市場と貿易の拡大、メガ自由競争を通じてひたすら経済成長を追求する時代は終わった。今や世界は格差縮小や気候変動対策がメインテーマだ。

第二に、RCEPは、電子商取引の自由化（ソースコードやアルゴリ

ズムの開示要求の禁止）、ISDS（投資家国家紛争解決）を取り入れていない点で「遅れている」と批判されるが、そういうグローバル企業の要求に従わないことこそが、格差拡大の阻止には必要だ。

　第三に、米中対立は、バイデンが民主主義や人権問題というイデオロギー問題を正面に掲げたことで、トランプ時代のたんなる経済取引（ディール）から、妥協なき新冷戦時代に突入した。しかしそれが旧冷戦時代と異なるのは、日中のような経済メカニズムを異にする国の間でメガFTAが成立したことだ。それがRCEP成立の歴史的意義である。

　それを、従来の経済成長一辺倒、格差拡大の道としてではなく、気候変動対策・国家（平和）・経済・食料の各安全保障のための経済的土台としてどう仕組むべきか。これが、RCEPとTPPの両方にまたがり、かつアメリカと繋がる、その意味でキーパーソンとしての日本の課題である。

（『農業協同組合新聞』2022年2月10日）

［補］IPEF

　アメリカは、20220年2月、TPPに代わる「インド太平洋の経済的枠組み」（IPEF）の発足をめざすと表明、5月23日、バイデン大統領の来日時に発足させた。参加国はRCEP参加国から中国、ラオス、ミャンマー、カンボジアを除いた13カ国である（図1-1）。貿易・投資上の共通ルールを策定するとして、サプライチェーン、インフラ・脱炭素、税・反汚職を対象とする（朝日、5月24日）。

　「経済的枠組み」としつつも、露骨な中国包囲網であり、参加国が期待する市場開放につながる関税協議等は含まず、従ってTPPやRCEPの代替にはなりえない。むしろ、本節で述べたように、今のアメリカにはTPP復帰等の通商協定を進める国内条件が依然として欠けていることを露わにしたといえる。

Ⅱ．ロシアのウクライナ侵略

ウクライナはオレの歴史的領土！

　ウクライナについて何も知らず、ロシアの侵攻は全くの驚きだった。報道に接しても、そもそもなぜウクライナに侵攻するのか、それがなぜ今なのか、理解できなかった。この地域の歴史と地政学は識者に学ぶとして、ここでは２つの発言を考える。

　一つは、２月24日の侵攻に際してのプーチン大統領演説。そこで彼は、ウクライナは「私たちの**歴史的領土**だ」(以下、ゴチは筆者)と言う。確かにソ連が崩壊しウクライナが独立国家になるまでの350年余、ウクライナはロシア・ソ連の「領土」だった。しかるに彼の言い分では、今や「アメリカの対外政策の道具に過ぎない」NATOが、東方に向けて「軍備をさらに拡大し、ウクライナの領土を軍事的に開発しはじめ」、「その軍備がロシア国境へ接近している」。だから祖国防衛のために他国に侵攻するというのだ。

　しかしウクライナのNATO化はウソだ。確かにソ連の崩壊後、NATOは東方拡大しており（ロシア周辺国がロシアの侵略を恐れたからだが）、ウクライナも加盟を希望している。しかしNATOは今のところそれを認めていない。EU加盟についても同様だからだ。

失われた威信の回復

　ではなぜ？　そこで二つ目の発言としてイアン・カーショー（英・シェフィールド大名誉教授）『分断と統合への試練　ヨーロッパ史1950〜2017』（三浦元博訳、白水社、2019年）。訳書で２段組、550頁の大著で、歴史の大きなうねりを感じさせる書だ。「なぜプーチンはクリミア併合に加えてウクライナで戦争を促したのだろうか？……もっとも

簡単な説明が、もっとも理にかなっている。本質的には、**プーチンは大国としてのロシアの失われた威信と地位を回復しようとしたのだ**」（505頁）。これは2014年のクリミア併合に関する叙述だが、先のプーチンの「歴史的領土」論と符合する。

プーチン演説に戻ると、「現代のロシアは、ソビエトが崩壊し、その国力の大半を失った後の今でも、**世界で最大の核保有国の1つだ**。最新鋭兵器においても一定の優位性を有している」。そして「**歴史上直面したことのないような事態に陥らせる。……あらゆる事態の展開に対する準備はできている**」。ゴチ部分は核の使用を示唆する。彼は2014年のクリミア併合の際も核戦力の戦闘準備はできていたと語っている。今回の侵攻で、原発を攻撃したのも、核使用ためらわず、の一つの現れといえる。

要するに核使用を含むウクライナ侵攻は積年の計画であり、後は実行のタイミングを計るのみだった。そこは優秀な元秘密警察・KGBの工作担当者・プーチンが最が得意とするところだ。バイデンはアフガン撤退で失敗を演じ、対中国と中間選挙を控えての内政に手いっぱい、アメリカ世論はウクライナへの軍事介入に全く否定的。ドイツは首相が交代したばかり。フランスは大統領選が真近い。英首相はドジばかり。アメリカをはじめNATOはウクライナに軍事介入する気はなし。これなら何の障害もなく侵攻できるというわけだ。

民主主義の浸透阻止

それでもなお、真の狙いは何かの疑問は残る。究極の狙いは、汚職にまみれてきたウクライナがそれでも民主主義を追求し、経済成長を果たしてヨーロッパ最貧国からの脱出を図り、その影響がロシアにも浸透すればプーチン独裁が崩壊するからだ。要するに祖国防衛にかこ

つけて自らの独裁を守るのが真意だ。

　ロシアはウクライナに対して、中立、武装解除、ドネツク・ルガンスク「人民共和国」の州全体支配の承認、クリミア併合の承認を停戦条件として突き付けている。しかし中立と武装解除は両立しない（今どきの中立は武装を要する）。あと二つも主権国民国家ができることではない。要するにプーチンの要求は、ウクライナの主権国民国家としての地位をはく奪し、事実上の再属国化すること、具体的には現首相を「排除」(暗殺は得意技) して親ロシア傀儡政権をでっちあげることだ。

　それでもウクライナの民主主義は殺せず、それはロシア国民にも浸透していく。ロシア経済はクリミア併合以降の経済制裁で疲弊しているが、プーチンの愚行で極まった。ロシアでも国民は独裁政権から離れていく。カーショーがその大著をもって示すのは、歴史を動かすのは民衆の力だ（第9章　民衆パワー）。

　ウクライナ侵攻は、熱戦とウクライナ国民の血をもって民主主義vs.反民主主義の冷戦時代が始まったことを示す。

NATOの東方拡大が原因？

　専門家筋からはNATOの東方拡大に原因を求める見解が強い。1990年、ゴルバチョフ・ベーカー（米国務長官）会談で、ベーカーは「NATO軍の管轄は1インチたりとも東方に拡大しない」と約束したとされる。それが破られたのが原因というわけだ。「1インチ」説は広く流布しているが、そもそも口約束に過ぎない。「史料的裏付けがあります」（浜由樹子・静岡県立大、朝日新聞2022年2月25日）といわれるが、90年代後半、ロシアのプリマコフ首相は、ロンドンの王立国際問題研究所での講演で「なぜゴルバチョフが国際公約を文書にし

ておかなかったのか」を悔やんだとされる（カーショーの訳者・三浦氏による）。

　確かにNATOは東方拡大しているが、最近まではロシアも容認してきた。しかし人口・領土からして大国である隣国ウクライナのNATO加盟は許せないというわけだ。しかしそこから侵攻に至るのは断絶的な飛躍だ。そもそもウクライナはNATO、EUへの加盟を切望しているものの、現状では認められていない。

　拡大の意思はNATO（特にアメリカ）に確かにあり、また軍事同盟そのものの是非をめぐっては意見が分かれるが、そもそも主権国民国家には同盟を選択する主権がある。「東方拡大」も、周辺諸国が今日のようなロシアの侵略を恐れて加盟を求め、それをNATOが認めたまでのことである。

　アメリカをはじめNATOは今のところ軍事介入を避けている。ウクライナがNATO加盟国でないのが形式的理由だが、真因は核使用辞さずのプーチンに対して世界戦争を避けたいためで、代わりに連帯と経済制裁で対抗している。現状で採りうる唯一の選択肢だが、それに乗じてプーチンはウクライナ現政権を倒し傀儡政権をでっち上げることを目指している。

　仮にそれが可能になったとしても、傀儡政権に対する国民の反発が高まり、それに対してロシアが軍事介入することの繰り返しになる。要するにロシア国民がプーチン独裁を倒さない限り危機は続く。プーチンを倒してもロシアの権威主義的な政治体制が続く限り、第二、第三のプーチンがでてくる。さらに、核保有国が核戦争を人質にとれば侵略がまかり通るというプーチン流無法を真似する国が出てくる可能性もある。

侵略の農業・食料への影響

　FAO食料価格指数（2014〜16年＝100）は、2022年1月135.7、2月140.7と最高水準をマークした。

　農水省「食料安全保障月報」2022年2月号、農林水産政策研究所の報告（2021年11月30日）等をみると、ロシアは小麦輸出で世界一位だが、食料の貿易収支は赤字。一方で穀物の国内価格高騰に対し輸出規制措置（輸出数量枠、輸出関税）をかけつつ、他方で新たな輸出先をアジア（中国、バングラデシュ、インドネシア、ベトナム等）に求めている。

　注目されるのは、第一に、小麦輸出大国・ロシアが内政上の必要も含めて輸出規制措置をとっていること、第二に、ロシア小麦の新たな輸出開拓先の中国、ベトナムは、国連総会の緊急特別会合のロシア非難決議では棄権にまわった。政治が貿易の方向に変化を及ぼしている。

　農水省「肥料をめぐる情勢」（2021年4月）では、日本の塩化カリの輸入はロシア11％、ベラルーシ12％だが、これは侵攻でカナダからの輸入量を増やすようだ。しかしカナダからの輸入は既に65％、尿素ではマレーシア（45％）、中国（37％）、リン酸アンモニウムでは中国（87％）など、輸入相手国の偏在が危険視されている。

　また、日本の輸入に占めるロシアの割合は原油4％、液化天然ガス8％程度で大きくはないが、ロシアの原油輸出の減は世界の原油高に拍車をかけ、施設園芸や漁業等への影響は大きい。

　かくして食料安保における「不測の事態」に「戦争」が加わり、そして武力侵略vs.経済制裁の戦いは長期化し、その影響はあらゆる国と物資に及ぶ。発端は「不測」だったとしても、その不測が常態化する。今日の食料安全保障は、食料、生産材原料、エネルギー等の総合的関連を視野に入れる必要がある。とくに食料の絶対量もさることな

がら、グローバル化やコロナ・パンデミックが世界的・国内的に貧富の格差を極端に拡大している今日、食料価格の安定こそが緊要な課題だ。

（『農業協同組合新聞』2022年3月10日）

[補] 国連憲章をふまえて ─────────────

　　その後の事態も踏まえて、2022年6月4日の農業・農協問題研究所の総会アピールの一部を、少し長くなるが引用しておく。

　　「プーチン大統領は、核大国ロシアがその「歴史的領土」を取り戻すのだとして2月24日にウクライナに軍事侵攻し、5月9日の対独戦勝記念日には、NATOの脅威が差し迫っているため「先制攻撃しかなかった」とひらき直り、再び核兵器使用を口にしました。

　　ロシアのウクライナ侵攻は、多数の兵士のみならず民間人を殺戮し、原子力発電所、病院や学校等まで爆撃し、街を廃墟にし、畑に地雷を埋め、ウクライナのGDPの半分に相当する物的資産を破壊、人口の3割に国外退避を強いています。にもかかわらず侵攻は膠着し、それに対する焦りから生物化学兵器・核兵器を使用する懸念も強まっています。

　　ロシアのウクライナ侵攻は、それへの対抗措置としての経済制裁等とも相まって、コロナ・パンデミックで疲弊する世界経済に追い打ちをかけ、農業・食料面では、ロシア・ウクライナが穀物や肥料原料等の供給大国であることから、生産資材や食料の不足と価格高騰を招き、世界食糧計画（WFP）は急性食料不安人口が4,700万人増えるとしています。

　　ロシアが核使用をちらつかせてウクライナを侵攻していることは、核の保有・使用への誘惑、核抑止力や軍事同盟への依存を強め、世界をいよいよ平和から遠ざけています。日本でも、ロシアの蛮行を期に、武器輸出三原則のなし崩し拡大、憲法9条等の改正、アメリカとの核共有、敵基地攻撃能力等の保有が主張されています。

　　ロシアのウクライナ侵攻をめぐっては、NATOの東方拡大にその主因を求める見解や、民主主義対専制主義の戦いに一義化するバイデン政権等の捉え方もあります。確かに、NATOの東方拡大がロシアの安全保障に危機感をもたらし、またウクライナ侵攻は、ロシアにおける民主主義の弱体化を一因とし、さらに世界の民主主義の危機を強めるものです。

　　そのような捉え方の相違があるにせよ、今、世界は一致して、「その国際関係において、武力による威嚇又は武力の行使」を「慎まなければならない」ことを全加盟国に義務付けた国連憲章第2条第4項をロシアに守らせ、直ちにその武力侵攻をやめさせ、軍をウクライナから撤退させることが必要です。

　　本研究所は、ロシアのウクライナ侵攻がもたらしている諸問題を、とくに農業・食料問題と関連づけて考究するとともに、あらゆる機会を捉えて国連憲章の遵守を訴え、ロシア軍のウクライナからの撤退を要求し、とくに日本政府が、NATO諸国との連携や経済制裁のみに頼るのではなく、平和憲法を持つ国としての外交的努力を果たすことを強く要求します」。

　なお、「侵攻」は国際法上「侵略」とすべきである（山形英郎「国際法からみたロシアのウクライナ侵攻」『経済』2022年8月号）。

　同論文によれば、冷戦終結後、1999年のNATO軍のベオグラード空爆、2001年のアメリカ等のアフガニスタン軍事介入、2003年のアメリカ・イギリスのイラクへの軍事行動は安保理決議によるものでもなく、国際憲章違反である（「介入主義的国際法」）。そのことがアメリカをして国際憲章ではなく民主主義を論拠とするロシア攻撃に至らしめている。

　ロシア・ウクライナ関係をめぐっては、専門家による多数の発言があり、事情を知る者ほど「悪いのはロシアだけではない」という論調が多い。しかし日本は、国連憲章を前提として憲法9条で戦争放棄を掲げた。その日本が何をなすべきかに基準を置きたい。

　ロシアの侵略による食料・肥料原料等の危機の深化については、柴田明夫「迫る食料危機」（『農業協同組合新聞』2022年7月30日）。

第2章　日本の食料安全保障政策の展開と課題

はじめに

　ロシアのウクライナ侵攻がコロナ禍に追い打ちをかけ、世界の食料や原油価格が一挙に高騰している。日本でも、自民党が食料安全保障に関する検討委員会を発足させるなど、食料安全保障に関する論議が開始されたが、これまでの総括と視野の拡がりが求められる。本章は、日本の食料安保政策の展開に見る特質と問題点、課題を考えたい。なお章末［補］で「新冷戦」や自給率・自給力に関する見解を変えている。

Ⅰ．日本の食料安全保障政策の展開

　食料安保については、FAOによる国際的・一般的定義もあるが、事情は各国ごとに異なり、独自性の解明が必要である。そこで**表2-1**の番号に即して、日本の食料安保の各時期の背景と顛末をみていく。

表 2-1　日本の食料安全保障政策年表

番号	年次	政策内容
①	1975	「総合食糧政策の展開」
②	1980	農政審報告「80年代の農政の基本方向」で「食料の安全保障」
③	1987	URで「食料安定供給の確保等農業が持つ多面的機能」の主張
④	1989	URで「食料安全保障の観点から基礎的食料論」の主張
⑤	1992	「新しい食料・農業・農村政策の方向」で食料政策
⑥	1995	食管法の廃止と食糧法の制定（備蓄）
⑦	1999	食料・農業・農村基本法で「食料の安定供給」と「不測の事態」の規定
⑧	2000	基本計画でカロリー、生産額自給率等の目標
⑨	2002	「不測時の食料安全保障マニュアル」の策定
⑩	2008	農水省、食料安全保障課の設置（2015年、政策課の「室」に）
⑪	2012	「マニュアル」を緊急事態食料安全保障指針へ
⑫	2015	食料自給力の指標の導入
⑬	2018	食料国産率の導入
⑭	2021	「指針」改正（緊急事態に感染症流行と輸出・輸入国間の貿易障害の発生を追加）

1．前史

①…1972〜73年にかけて、異常気象によるソ連等の不作で世界食糧危機が起こった。アメリカは73年6〜9月にかけて大豆の輸出規制を行い、食料=第三の武器論が登場した。日本でも豆腐等原料が不足し、密かに屠畜計画がたてられ、関西では米の買い占めや醤油パニックの恐れがあった。

①では、需給見通しがたてられ、1985年に食用農産物総合自給率（金額）75％、穀物自給率37％を目標とした。そして総合的な食糧自給力の向上を図ることを長期方針とし、粗飼料生産の拡大、大豆・とうもろこしの備蓄、米の在庫積み増し（200万t）等が計画された[1]。

しかし75年に米が大豊作になると、総合食糧政策はたちまちしぼんでしまった。

2．1980年代の食料安保

②…1979年末、ソ連のアフガニスタン侵攻に対してアメリカが穀物等の対ソ禁輸措置をとった。農業白書は「戦時以外において、食料を政治的、外交的手段として使用した初めての例」とし、国会は食糧自給力強化を決議した。同年、米の作況指数は87と当時としては戦後最大の冷害になった。そこで②は、「輸入が制約される不測の事態に対する備えが肝要」とし、第2章「食料の安全保障―平素からの備え」で、自給力強化、安定的輸入、国内備蓄を打ち出した。飼料穀物の本格的な国内生産は無理としつつも、その長期的展望を明らかにすべきとした。

それに対して84年の日米諮問委員会報告は、日本の食料安保が「真

（1）『農林水産省百年史　下巻』1981年、第2章第8節。

の食料安全保障をも阻害している」と非難した（アメリカへの輸入依存こそが食料安保という主張）。日米経済摩擦が激化するなかで、日本は、86年プラザ合意で円高に追い込まれ、「前川レポート」を打ち出し、内需拡大を基本とし、農産物は基幹的なものを除いて着実に輸入の拡大を図るとした。それを受けた86年農政審報告は、80年の食料安保論に一切触れず、国境保護も関税に置換（すなわち自由化）すべきとした。

　③④…86年にガット・ウルグアイラウンド（UR）が開始され、アメリカ等により「例外なき関税化」（輸入制限措置を関税に置き換える）が主張され、日本の米もその対象とされた。それに対して日本は「食料の安定供給の確保等農業が持つ多面的な役割への配慮」、「食料安全保障の観点から基礎的食料（米のこと）の国境調整措置の容認」を主張した（「非貿易的関心事項」）。日本が外に向かってそれを主張するには、国内における確固たる食料安保政策、その実績が必要だが、それが無かったため主張は交渉の方便と受け取られた。

3．1990年代の食料安保論

　⑤…URでは91年末に包括的関税化が最終提案され、日本はいよいよコメの関税化を迫られ、それへの対応として農水省は⑤を打ち出した。Ⅰ.「政策展開の考え方」では食料政策をトップに置き、「食料自給率の低下傾向に歯止めをかけるべき」（その後の農林官僚の基本スタンスに）、食料供給は国内生産、輸入および備蓄を適切に組み合わせるべき、そのために一定の数量規制をふくむ国境措置と国内農業政策が必要、とした。

　しかるにⅡ.「政策の展開方向」は、食料政策について一切触れなかった。解説書はその理由を、食料政策は他の政策展開の中に含まれてい

24

ることから「個別独立に食料政策の展開方向としてまとめていない」としている(2)。要するに独立した食料（安保）政策は無い。

⑥…93年にURは決着し、日本は包括的関税化の例外措置としてミニマムアクセス（MA）の割増し措置を受け入れた。米を全量国家管理し国家貿易にしている日本ではMAは最低輸入義務量となり、国家管理に風穴をあけられた。加えて93年の米作況指数は74という「天明の大飢饉」以来の大凶作となり、米が緊急輸入された。国民の主食を守るべき食管制度は、その任務を果たせずして廃止となり、新たに食糧法が制定された。食糧法は米の全量政府売渡義務（買入限度数量付き）を外し、国の責任を備蓄米の買い入れに限定し、市場流通や生産者団体の責任による生産調整にゆだねることにした。99年、日本は米も関税化し（ただし禁止的高関税）、オール関税化（自由化）時代に入った。

4. 新基本法と食料安保

⑦…基本問題調査会の議を経て新基本法が定められた。食料の安定供給を確保することを第一の目的とし、そのためには国内の農業生産の増大を図ることを基本に、輸入と備蓄を組み合わせること、概ね5年ごとの基本計画で食料自給率の目標を定めること、不測時における食料安全保障（食料の増産と流通制限）を講じることとした。

⑥では、「食料自給率の低下傾向に歯止めをかける」のが精いっぱいだったが、農業団体等を通じて国民の声を反映した⑦では、自給率目標の向上まで具体化した。

そこには、2000年に始まる「WTOの次期交渉をにらむと何として

（2）新農政推進研究会編『新政策　そこが知りたい』大成出版社、1992年、38頁。

も多面的機能の発揮は一条を起こして適切に位置付けなければならない」という事情があった[3]。新ラウンドで米等の関税率の大幅引き下げを阻止するには、国内体制を固めることが必須で、多面的機能としての食料の安定供給、自給率の向上はその鍵だった。

　日本は2000年「WTO農業交渉日本提案」では、農業の多面的機能への配慮、「最低限必要と考える食料を得る権利」としての食料安全保障の確保等を強くアピールした。

　⑧⑨…新基本法を受けて、⑧は法定の自給率目標を、カロリーで45%、金額表示で74%とした。この目標は、民主党政権時代を例外として2020年までほぼ不変である。

　⑨は、狭義の食料安保に当たり、食料の安定供給に関するリスクを検証し、不測時の対応手順を決めたもので、備蓄活用、緊急増産、代替輸入等について定める。レベル0、レベル1（平時の供給を2割以上下回る）、レベル2（1人1日当たり2,000kcalを下まわる）にわけて、上記に加えて流通規制等を課する。

　同マニュアルは、⑪で東日本大震災を受けて局地的・短期的事態編を追加した「緊急事態食料安全保障指針」に再編され、⑭で緊急事態の例示が追加された。

5．21世紀における食料安保

　⑩∴新設の課は、初代課長によれば「食料自給率向上に関する仕事をしている」[4]。課の新設はリーマンショックによる世界的な食料価格危機の中にあり、適切な措置だが、2015年には政策課の一室に「格

（3）高木賢「私記『食料・農業・農村基本法』制定経過」『農業と経済』1999年臨時増刊号、57頁。
（4）末松広行『食料自給率の「なぜ？」』扶桑社新書、2008年、182頁。

下げ」された。

⑫…自給率は、国内生産／国内消費の現状を示す指標（比率＝相対概念）であり、年々低下してきている。それに対して、食料自給力は、国内農地等をフル活用した場合に1人1日当たり何カロリーを提供できるかという絶対数で示された「食料の潜在生産能力」を示す指標である。具体的には米麦大豆を中心、いも類を中心、それぞれについて栄養バランスへの配慮の有無とする4パターンに分かれる。

農水省は、これは「いざという時を考えたものではありません」、「食料安全保障に関する国民的議論の深化を図る」ため、としている。計算に当たっては、当初は生産転換に要する期間は考慮せず、生産資材は確保されていることを前提したが[5]、2020年からは農業技術、労働力、単収向上等も配慮することとした。同指標の導入は、食料自給率の一種の補完といえ、食料安保にとっては画期的な進展だった。しかしこの指標も低下している。

⑬…食料自給率の「新たな参考値」として、輸出に向けて国内畜産の活躍を示すためか「飼料自給率を反映しない食料自給率」と「不測時に輸入飼料の減少分を飼料用米で補うと仮定した食料自給率」が新たに計算された。前者では、2017年には、畜産物の自給率は62％になる。畜産物のカロリー自給率は16％なので、何と「自給率」を46ポイントもかさ上げできる！　総合自給率でいえば、46％と38％で8ポイントのかさ上げになる。いいかえれば日本の畜産、カロリー供給がいかに輸入飼料に依存しているのかの指標だ[6]。

（5）ロシアのウクライナ侵略で、その前提が問われることになった。
（6）食料国産率をはじめ2020年基本計画の問題については、拙著『コロナ危機下の農政時論』筑波書房、2020年、第3章第2節を参照。

II．日本の食料安保政策の特徴と課題

1．足取りを振り返る

食管制度による食料安保の代替

　日本の食料安保には前史のさらなる前史がある。「国民食糧の確保」を図るため米を全量国家管理する食管法という戦時立法である。戦後も「食管法が国民の主食・米を守ってくれる」という国民の信頼が、固有の食料安保を不要にしたといえる。しかるに70年代に米が過剰になり、80年代には食管論議が避けがたくなった。そのような時に食料安保論は生まれた。90年代に食管法は廃止されると、いよいよ食料安保それ自体の確立が求められるようになった。

平素からの備えが基本

　日本の食料安保は「平素からの備え」と「不測の事態」への対応からなり、狭義には後者が固有の食料安保とされている。しかし「不測の事態」対応は各国に見られることでもあり[7]、「平素からの備え」としての食料自給率向上こそが超低自給率国・日本に特徴的な食料安保である。日本が食料自給率を急落させていった高度成長期以降、ヨーロッパ各国は自給率を粛々と高めていった。だから不測の事態で足りる。「アリとキリギリス」の違いである。この「キリギリスの国」への反省こそ平素から備えとしての自給率向上という食料安保だった。

のど元過ぎれば熱さを忘れる食料安保論

　Iを顧みると、日本の食料安保論議はことごとく国際関係（外圧）

（7）2021年度農業白書は「食料自給率と食料安全保障」の節で各国の食料安全保障等についても詳述している。

を受けて立案されてきた。そもそも「安全保障」とは外国との関係だ
ともいえるが、問題は、「外圧」が薄れるとたちまち食料安保も後退
してしまうことだ。「のど元過ぎれば熱さを忘れる」のが日本の食料
安保の最大の特徴である。

　それを端的に示すのが新基本法であり、その生みの親はURとWTO
農業交渉（ドーハ・ラウンド）だった。しかるに21世紀に入り、
WTOを通じる自由化よりもFTA（自由貿易協定）を通じるそれが国
際的主流となり、日本も早期に追随した。そしてドーハ・ラウンドが
2008年に破綻し、関税率大幅引き下げという「外圧」が一応は消える
と、日本はメガFTAを率先追求し、自給率向上も輸出を通じての追
求が強調されるようになった。

　「平時からの備え」とは、喉元を過ぎても忘れないことだ。

2. 食料自給率の改善

食料自給力による補完

　食料自給率自体に対する批判も多い。自給率が相対概念に過ぎない
こと、農林予算確保の手段に用いられてきたこと、一貫して低下傾向
にあること等が思い起こされる。その他、自給率の計算方法自体にも
問題がある。

　相対概念であることは確かに指標として弱い。国内生産/国内消費
という計算式から、分母（食料消費）が減れば自給率は自動的にアッ
プする。そして人口減社会に突入した日本では分母が減る可能性は高
い。その点は、食料自給力という絶対値の導入である程度カバーされ
た。しかしそれも「国民一人当たり」の計算である以上、人口減少の
影響は免れない。ではあるが、自給率と自給力は相互補完的な指標で
あり続ける必要がある（→ [補2]）。

自給率計算には輸出を含めない

　安倍政権以降、輸出が強調され、「輸出で自給率向上」の姿勢が強い。確かに自給率計算の分子の国内供給には輸出仕向け分も計算上含まれる。その理由は、「いざというときに国民へのカロリー供給食料に回せるから」と説明されている[8]。しかし、日本は「WTO農業交渉日本提案」で、輸出の禁止・制限を厳しく批判し（99年）、それらの措置を全て輸出税化すべきとした（2000年）。輸出を国内仕向けできると公言するのは、そのような日本の国際主張と整合しない。

　2010年度農業白書によれば、韓国、スイス、ノルウェー、台湾、イギリスは自給率を公表している（91頁）。つまり食料自給率の計算自体が低自給率国に固有の所作なのである。そのような国が「輸出で自給率向上」に重きを置くのはいかがなものか。金額表示の自給率で、**図2-1**によると、分子に輸出をいれた場合と輸出抜きにした場合では2000〜15年には6〜10ポイント程度の差が生まれる。国産で国内消費

図2-1　自給率と自給力

注：1）自給力は米・麦中心の作付けで1人1日当たり最大供給可能熱量を示す。
　　2）輸出抜き生産額自給率を除き令和3年度農業白書による。

（8）末松、前掲書、17頁。

をどれだけ賄えているかという現実を直視すべきである。

3．課題

なぜ自給率が一貫して下がるのかの解明

　新基本法が制定されて20年余、5回の基本計画策定を経てもカロリー自給率はほぼ一貫して低下している（目標の看板倒れ）。それに歯止めをかけるには、原因の究明から始める必要がある。農業白書はその主因を、高度成長期には食生活の変化（→飼料穀物の輸入増）、80年代後半からは生産減に求めている[9]。21世紀に入っては米消費の減退が大きいとされる。

　しかし以上は自給率の構成要素に即した指摘であり、その外枠をなす国境保護の引き下げ効果を含めた分析にはなっていない。その原因は第一に、日本はWTO農業協定とその後の措置で全品目の国境措置を関税化し、総自由化時代に入ったことである。そこではセーフガードの発動を除き、関税率を引き上げる国境政策を採ることができない。

　第二に、TPPをはじめとする一連のメガFTAの影響分析において、国内措置を講じるので、生産・自給率への影響はないという建前をとったためである。現に輸入増大を通じて影響は現れているし、今後、特に畜産・果樹等への影響は強まろう。残された唯一可能な途は関税率をこれ以上引き下げないことだが、それをどれだけ貫けるか。

水田と米の重要性

　生産調整政策50年を経ても転作定着は厳しく、最近は作目転換ではなく、水稲の用途転換に過剰対策の活路をみいだしているが、それに

（9）1999年度農業白書、前掲・拙著、89頁に紹介。

対する財政当局等の目は厳しい（→**第4章［補］**）。他方で地球温暖化
に起因する風水害が急増し、日本は地球温暖化の最大の被害国の一つ
になり、「田んぼダム」等の重要性が高まっている。日本の風土はや
はり、水田を水田として、水稲を水稲として活用するのが最も合理的
というのが歴史的結論だ。「風土に即した食料安全保障」でなければ
長持ちしない。

　米消費の減退は、主として高齢者層によるものであり、若い層では
横ばいである。他方で高齢者も含めおむすび、パックご飯等の米調理
食品は伸びている。学校給食、公共給食や高齢者に優しく簡便に食せ
る新商品の開発が不可欠である。

　米消費の減退に歯止めをかけ、水田を維持していくことが自給率維
持のための最大の内政課題である（→**第4章**）。

みどりの食料システム戦略との連携

　カーボンニュートラルに向けて化学肥料・農薬等を減らしていくこ
とは、生産資材の輸入原料の確保が食料安保上の重要課題となってい
る今日、不可欠な戦略だ。日本の自給率が低い最大の原因は飼料穀物
の輸入である。バルキーな飼料穀物の輸入は、日本のフード・マイレー
ジ（kg×km）を世界最大たらしめている。それだけ地球温暖化ガス
の排出が大きいということである。とくに飼料穀物の国産を増やすこ
とが、自給率向上とカーボンニュートラルへの最直近の途である。
そしてそれは現実的に水田の活用（飼料用米）以外にありえない。

　他方で、化学肥料等の削減や有機農業化はヨーロッパの経験でも単
収を大幅に落とし、自給率の引き下げ要因になりうる。みどり戦略に
向けて専ら技術革新が強調されているが、それは単収減少をできる限
り抑える技術である必要がある。

　これからの農政の柱はカーボンニュートラルと食料安全保障（自給率・自給力の向上）のミックスになる（→**第3章**）。

新冷戦時代への対応

　冒頭に述べた新冷戦時代、残念ながら「不測の事態」が常態化し、「不測」が「不測」でなくなり、一時しのぎの備蓄も頼りにならない。「平素からの備え」としての自給率向上がいよいよ食料安保の土台になる。

　最近の食料危機の特徴は、食料価格危機と生産資材危機である。グローバル化のなかで経済格差がこれまでになく拡大する中で、食料価格の高騰はとくに格差底辺に厳しく作用する[10]。

　「自給力」は生産資材が入手可能なことを前提としていたが、資源（鉱物、レアメタル、原油等）保有国が核も保有し、その侵略的行動が経済制裁を必須とする時、その前提は崩れ、価格高騰や入手困難、入荷遅滞等が起こる。種子も輸入依存だが、空路が絶たれる危険性に直面した。ウクライナ危機に学んで、自給率・自給力向上の土台にあたる部分（農地、地域資源、労働力、資材、技術等）を固め、統制依存を超えるよりきめ細かな緊急事態対応を模索する必要がある。

　米ソという旧冷戦時代と異なり、グローバル化を踏まえた新冷戦時代はより複雑な対立となり、多様な組み合わせの国際連携、一国の枠を超えた食料安保の仕組みが求められる。

（『月刊　NOSAI』2022年5月号）

---

(10)イギリスの食料安保報告（2021年12月）は、「家庭レベルでの食料安保」の指標を設けた（和泉真理「脱EUで自給率課題」、日本農業新聞　2022年2月20日）。

[補1]「新冷戦」の誤り

　本章は「新冷戦時代」で締めくくっている。「冷戦時代」とは、資本主義体制と社会主義体制のそれぞれの盟主である米ソが、核抑止力により両国（体制）間の戦争を回避する時代であり、熱戦は各地で繰り広げられていた。その冷戦が89年の米ソ首脳会談で「終結」し、アメリカ一極支配とその覇権主義の「ポスト冷戦時代」となった。

　しかし21世紀にはその「掘り崩し」（同時多発テロ）と「自壊」（サブプライム危機とトランプ登場）が進み、2010年代には米中対立が本格化しだした。それだけであれば「新冷戦時代」と規定しうるが、ロシアのウクライナ侵略は、侵略とそれに対する祖国防衛の戦争である（ロシアはウクライナを自国領土とみなし、他国との「戦争」にはあらずとして、「特別軍事作戦」を自称）。これは何よりも熱い戦争であり、経済体制間対立に基づくものではなく、核抑止力は効かず、「冷戦」の論理では規定できない。

　後世、米中対立の「新冷戦」もロシア・ウクライナ戦争も覇権国家交替期の一コマとみなされるかもしれないが、後者の時代をどう規定していいのか、筆者には分からない。とりあえず「新冷戦」は取り消したい。

　これまでの食料安全保障論は「冷戦」にせよ、「新冷戦」にせよ、冷戦時代のそれであった。そのことの見直しから取り組む必要がある。

[補2] 自給率と自給力

　新基本法の数値目標は食料自給率しかなく、新基本法は「食料自給率（向上）法」といっても過言ではない。しかるに自給率には数々の難点があることは本文で指摘したとおりである。

　2019年度のカロリー自給率は38％と1ポイント上昇したが、コンマ以下までとれば37.17％から37.99％への0.82ポイントの上昇でしかない。生産額自給率は63％で4ポイント下がった。全体として、自給率の低下傾向に歯止めがかかったなどと言える状況ではない。向上を旨とした食料自給率という目標は、実態面から失効したと言わざるを得ない。

　他方、食料自給力の方も、米麦中心では1人1日当たり1755kcalで横ばい

で、必要量の81%にとどまる。自給力は、農業労働力や生産資材の確保を前提として米麦単収×農地面積で決まる。今回、生産資材の確保の条件が揺らいだが、それ自体は経済安全保障の課題である。

　自給率が相対概念として、消費、輸出入、為替等の様々な理由に左右されるのに対して、自給力は端的に労働力や農地といった生産要素に規定される潜在生産力という絶対水準を示す点では「指標」としての安定性をもつ。ただし1人1日当たりの指標なので人口減には左右される。そのうえ、米麦、いも中心の食生活という仮説的設定は、現代の人々の食生活感覚になじまない。

　新基本法の見直しは、食料自給率目標の検討に及ばざるを得ないが、その廃止は、新基本法の「見直し」ではなく「廃止」に通じ、それが現時点での課題とは言えない。とすれば、「国内生産の安定確保」、食料安全保障という原点に立ち戻って、目標のあり方を再考するしかないが、その点では食料自給力の方が関連性が強い。

　本文の項目タイトルでは「食料自給力による補完」としたが、少なくとも自給力の指標を自給率と同等の位置に引き上げることが妥当ではないか。

第3章　「みどりの食料システム戦略」と日本農業の方向

はじめに

　「みどりの食料システム戦略」(2021年5月、以下「みどり戦略」) が始動しています。みどり戦略は、自らを「中長期的」な「新たな施策」としていますので、今後の日本農業を方向付けることになります。それにしては余りに唐突な登場であり、その背景に何があり、何を狙っているのかをしっかり見極める必要があります。その際に、先行するEU委員会の「農場から食卓へ戦略」(A Farm to Fork Strategy、2020年5月、以下「F2F」) と比較するのが有効です。

1.　みどり戦略の狙いと取組方向

　狙いと取組方向　みどり戦略の狙いは、その副題「食料・農林水産業の生産力向上と持続性の両立をイノベーションで実現」に正確に表現されています。カーボンニュートラル[1]が焦眉の地球的課題として論じられている最中に登場したみどり戦略は、カーボンニュートラルによる農業の持続性確保の戦略と早合点しがちですが、そのトップは「生産力向上」であり、それと「持続性の両立」を図る、そのための「イノベーションの創出」、「スマート技術」化が主題であることをまず銘記しておくべきです。

　具体的な取組方向（段取り）は次の三ステップです。①2030年までに施策の支援対象を持続可能な農業を行う者に集中し、2040年までに補助事業をカーボンニュートラル対応に限定する（政策対象の選別）。②2040年までに革新的な技術・生産体系を開発する。③開発された技術を①で選別された対象に対して2050年までに「社会実装」する。

（1）温室効果ガス/CO_2の排出を吸収と差し引きで実質ゼロにすること。

その過程で「現場で培われた優れた技術の横展開」や「国民理解」に取り組むとしていますが、主軸はあくまで〈イノベーション→政策対象の選別→農業現場への持ち込み〉です。

KPI（重要業績評価指標）　この点がみどり戦略の肝です。その農業・食料の主要部分を、F2Fと比較しつつ**表3-1**に紹介しました。表示のほか、2050年までに農林水産業のCO_2ゼロエミッション化、2040年までに農機・漁船の電化・水素化技術の確立[2]、2050年までに農山漁村における再生可能エネルギーの導入等も掲げられています。

KPIの項目は、施設園芸など日本ならではのものもありますが、一見、1年先行するF2Fの後追いが明らかです。

具体的な取組　農業に限定して例示すると次のようです。

表3-1　F2F戦略とみどり戦略の比較

		F2F戦略	みどり戦略
目標年次		2030年	2050年
化学肥料		△50%	△30%
肥料		△20%	—
化学農薬		△50%	△50%
養分損失		△50%	—
施設園芸の化石燃料		—	△100%
抗菌性物質販売量		△50%	—
食品ロス		小売・消費 △50%	事業系△50%（2030年）
有機面積割合		25%	25%
GHGに占める割合	農業	10.3%	3.9%
	うち畜産	70%	25%

・資材・エネルギー調達（営農型太陽光発電、小水力・バイオガス発電、地産地消型エネルギーシステムの構築）

・未利用資源の活用（昆虫・藻類・水素細菌など新たなタンパク源、国産花粉の安定供給、省力・低コストの家畜排泄物処理施設、シロアリ利用の木材飼料化）

・スマート農業（ドローン活用、AIによる病虫害発生予察、農機シェアリング）

（2）新たな「エネルギー基本計画」（2021年10月）では、2030年の一次エネルギー供給は、石油2％、石炭19％、天然ガス20％、原子力20〜22％、再生エネルギー36〜38％で、電化が即カーボンニュートラルにはならない。

・化学農薬の低減（次世代総合的病害虫管理、低リスク農薬、天敵等
　の生態系利用、水管理による雑草抑制、実践技術の体系化と次世代
　技術体系の確立による有機農業）
・化学肥料の低減（輪作体系の構築、堆肥活用、土壌微生物の機能解
　明、有機農業）
・畜産の負荷軽減（子実用とうもろこしの生産拡大、抗菌剤に頼らな
　い技術）
・農機の電化・水素化、ゼロエミッション型園芸施設、温室効果ガス
　削減（高いCO_2効果植物の開発、メタン発生の少ない稲品種・水田
　管理技術の開発、牛のげっぷ等を抑制する飼料開発、土壌中のN_2O
　生成菌の活動抑制）。

　そのほか、地場農産物や国産有機農産物を学校給食に導入する取組、
生産緑地の保全と活用、農地して維持することが困難な土地について
有機栽培や緑肥作物の導入・放牧利用・鳥獣緩衝帯、森林利用なども
触れられています。

　また、2050年までの工程表（技術開発→実証→社会実装、その10年
ごとの工程）、直近5年までの技術の工程表（2025年まで各年、26〜
30年一括）が掲げられています。

　以上を見ると、みどり戦略の実体は農水省の農林水産技術会議とそ
の傘下の農研機構等の研究計画書といえます。研究が技術革新をめざ
すことは当然ですが、政策が未知数の技術に依存することは、その実
効性を疑われます。2030年カーボンニュートラルについても、既存技
術で93％まで達成可能という説もあります[3]。既存技術でどこまで
できるのか、未知数のイノベーションにどれだけ期待を託すのか、明
確にすべきです。

（3）明日香壽川『グリーン・ニューディール』岩波新書、2021年、170頁。

2．みどり戦略の登場背景

　そのような戦略を、なぜ、いま、国家の新「戦略」として提起するのか。そこには強い焦燥感が感じられますが、その背景は、カーボンニュートラルとみどり戦略の2段に分けて探る必要があります。

　カーボンニュートラル宣言の背景　地球温暖化に対する世界的な危機感と運動が背景にあることはいうまでもありません。それに対し日本の温室効果ガス（以下「GHG」）削減目標の国連への通知（2015年）は、2013年比26％削減でした[4]。それが突如、2020年10月の菅前首相の所信表明演説で2050年までにカーボンニュートラルとなり、また2021年4月のアメリカ主催の気候変動サミットで、2030年にGHG46％削減（2013年比）、さらに50％に向けての努力宣言となりました[5]。その背景の第一は、カーボンニュートラルでも世界の主導権を握りたいバイデン政権の要請（圧力）です[6]。そのことはバイデンの2030年までにメタン30％削減にもすぐに従ったことにも現れています。

　第二に、そのさらなる背景には、国際金融資本の世界金融危機回避、そのことによる資本主義の生き残り、経済成長継続への強い意思があります。既に2006年に機関投資家等の金融資本によるESG（環境、社会、企業統治）投資が発足しており、2020年には気候変動がその最重要テーマになっています。

　国際決済銀行（BIS）や米英仏等の中央銀行が2020年、こぞって気候変動を金融危機を引き起こす最大のリスクとして指摘しました。日

（4）それまでの取組みについては、『地球温暖化対策計画』（2021年10月22日）、資源エネルギー庁『エネルギー白書2021』（2021年6月）。
（5）決まったのサミットの3時間前、46％削減は積み上げ数字ではないとされる（日本農業新聞2021年4月26日）。IPCC（気候変動政府間パネル）の10年比45％削減要請に対して1ポイント上積み（基準年が違うが）しただけといえる。
（6）明日香壽川、前掲書、4頁。

銀も遅れて2021年7月、環境投融資にゼロ金利資金を貸し付けることを決めました[7]。経団連は菅所信表明に先立ちカーボンニュートラルに踏み切り、また2021年7月までにNEC等124社、三大メガバンクグループがその投資先も含めて2050年にGHG実質ゼロをめざすとしています[8]。

　気候変動の金融リスクの回避は、現代の支配的資本としての金融資本の総意です。

　みどり戦略の背景　第一に、日本が2020年3月に新基本計画を決定した直後の5月、EUが前述のF2Fを発し、それをグローバルスタンダード化しつつ、国際交渉でも導入を図るとしました。それに対し新基本計画では対抗できないという焦りです。

　第二に、2021年7月には国連食料システムサミットの閣僚会合、9月には首脳会合が予定され[9]、そこで日本は、EU等に対抗する「アジアモンスーン地域モデル」を打ち出す必要に迫られました。

　第三に、それに対して新基本法・新計画の目標である食料自給率の向上は、現実には一貫して低下傾向にあり、その意味で農業予算の獲得手段としての効力を失っていました。そこにもってきて菅内閣の2050年カーボンニュートラル宣言により、予算の重点も明らかになり、それに即した新たな予算獲得の手段が求められました[10]。

　以上のような国際情勢とそれへの国の対応に急き立てられて、にわ

（7）夫馬賢治『超入門　カーボンニュートラル』講談社+α新書、2021年、第1、4章。朝日新聞2021年6月6日。
（8）経産省まとめ、朝日、10月19日。
（9）「食料システム戦略」の名称はこのサミット名に由来するのではないか。
（10）2021年度の骨太方針（2021年6月）は、脱炭素化、デジタル、地方活性化、子育て支援の4つを重点配分項目とした。農政展開の関連は、磯田宏「今日の農政方向における『みどりの食料システム戦略』」『農村と都市をむすぶ』2021年12月号。

か仕立てしたのがみどり戦略ではないでしょうか。

3．動き出したみどり戦略

2022年度概算要求　農水省の2022年度概算要求は2兆6,842億円、そのうちみどり戦略関係は95億円（みどり戦略推進交付金など）、スマート農業が34億円。100億円規模の事業新設は難題で、他の事業からかき集めました。加えて強い農業づくり総合支援交付金にも堆肥製造施設、バイオマス発電設備、選果施設の有機農産物専用ライン等に優先枠30億円、有機農業推進（人材・研修・認証助成）に1.5億円など、みどり戦略の関係が入っています。

　2021年度補正予算でも農水省総額9千億円弱の中にみどり戦略関係がスマート農業も含め1割以上入っています（モデル的先進地区の創出、有機の販路拡大など）。

　とりあえず、農水省の予算獲得戦略は滑り込みセーフというところでしょうか。

2022年度法制化　EUがF2Fの2023年度法制化をめざす中で、日本も2022年度法制化をめざしています。その骨格は、国が基本方針を決め、県と市町村が共同で基本計画を定め、施策対象としての地域・農家を特定し（モデル地区の創設）、補助金・融資・税制等で支援するものと報道されています（[補]）。

　問題は、2050年カーボンニュートラルという遠い先の「目標」を法律にどう書き込み、恒久化を担保するのかです。新基本法の制定にあたっても、自給率目標を法に書き込むには、同法とは別の法律を要するとされ、基本計画マターとなりました。

国家計画への組込み　みどり戦略の一部は農林水産省地球温暖化対策計画として、国の地球温暖化対策計画（2021年10月）に組み込まれ

ました。日本全体で2030年にGHG43％削減に対して、農林水産業は3.5％削減（8％）分を担う。内訳はGHGの排出で0.2％削減、吸収で3.4％削減、うち森林吸収で2.7％削減というものです[11]。

　要するに、GHGの削減（削減+吸収）の85％は森林吸収で、残り15％がその他の農林漁業の貢献ということで、省エネ機器・施設・機械の導入が主です。ここからも、みどり戦略においてカーボンニュートラル面で農業が果たす割合はごく一分で、戦略の中心は生産性向上やその他の持続性確保にあることがわかります。

4．F2F戦略とみどり戦略

　日欧の戦略比較　みどり戦略の性格や課題を考えるには、前述のようにF2F戦略との比較が有益です。

　第一に、**表3-1**の最下段にみるようにGHGに占める農業の割合は日欧で2.6倍の差があります。その原因は、EUは畜産の割合が高いという点もあるでしょうが、そもそも自給率が全く違うからです。日本37％に対して、例えば仏125％、独86％、伊65％です（2018年）。もしも日本の自給率がEU並みに高かったら、恐らくGHGに占める農業の割合はEU並みかそれ以上になるでしょう。

　他方で、自給率が低いということは、嵩張る穀物等の輸入のために莫大なCO_2が排出されます。それを減らすためにも、日本は「自給率を高めつつカーボンニュートラル化を進める」という二重課題に直面しています。

　第二に、F2Fは欧州委員会名で出されていますが、その立案は委員

---

(11) 削減の具体は、施設園芸・機械のGHG排出削減、漁船の省エネ、土壌関連（中干し期間の延長、施肥の適正化）、吸収は、森林吸収と農地等への炭素貯留。

会の33ある総局のうち、農業・農村開発局ではなく保健・食品安全局です。そのため川下のFork（食卓）や健康面への視野の広がりがあり、抗菌性物質の販売や消費レベルでの食品ロス削減の目標、赤肉・糖・塩・脂肪の摂取減による肥満率の引き下げも盛り込まれています。F2Fでも競争力強化が狙われていますが、国民の健康と農業の持続性確保が中心で、日本のように生産力向上を前面に出してはいません。

　第三に、F2Fの目標年次は2030年で、消費者や農業者が思い描き、政策当局が責任の持てる時限です。それに対してみどり戦略は2050年です。全体のカーボンニュートラルに合わせたのでしょうが、一世代も先の話になります。超高齢化と担い手欠如により明日の農業の持続性さえおぼつかない農業者の焦燥感からすれば、みどり戦略は「あの世」の話です。せめて2030年あたりで一区切りをつけるべきでしょう。

　第四に、F2Fは、いたるところで農業者の所得確保、市民のための手頃な価格を強調し、また予算確保の大枠も明確です[12]。とくに農林業者による炭素隔離（植物によるCO_2吸収の促進）に対して、炭素市場を通じる新たな所得確保を強調しています。

　それに対してみどり戦略は技術面に限定されています。開発技術を2040年から「社会実装」するとしていますが、実験室・圃場実験の技術を農業経営に持ち込むにあたっては、農業者のコスト・価格・所得の確保が欠かせません。さらに、ここ30年間も賃金が上昇していない日本にあって、消費者の購買力や市場をどう見通すのか。「技術あって経済なし」では経済政策になりません。

　F2Fが経済面に言及できるのは、自らを「欧州グリーンニューディール」という上位計画の「ハート（中心）」に位置付け、政策支

---

(12) 気候対策は次期EU予算の25％、CAP予算の40％とされ、関連研究に100億ユーロ（1.2兆円）の裏付けもある。

援の具体を共通農業政策（CAP）の直接支払い政策のグリーン化に求めることができるからです（次章へ）。

　有機農業の日欧比較　日欧の差異は、とくに有機農業をめぐって顕著です。有機面積の割合について、EUは現状10.3％を2030年に25％の引き上げる計画です（2.5倍化）。それに対して日本は、現状0.5％を2030年に1.5％（３倍化）、2050年には25％に引き上げる戦略です（50倍化）。

　みどり戦略は有機農業を「化学農薬・化学肥料の低減とそれらを推し進めた」ものとして捉えていますが、有機農業には、土壌微生物機能、生物農薬など自然の力を引き出す農法への転換が不可欠です。みどり戦略もそれらを「次世代技術」と捉えていますが、その開発は2050年代に持ち越されています。加えて前述のように国民理解、所得向上、市場拡大が超高速の有機農業拡大についていくのか。その予測なしには、農政が強調してやまない「マーケットイン」の農業生産に反することになります。

　EUでは有機製品の１人当たり購入額は76ユーロ（ほぼ１万円）です。有機だと単収は慣行栽培の４〜７割になってしまいますが、収益は高価格でカバーしています[13]。しかるに日本では、有機農産物の利用頻度は「ほとんど食べない」が65％、有機のイメージは「価格が高い」「健康に良い」が各45％、慣行栽培との許容価格差は、同じ水準が42％、１〜２割高41％、有機・特別栽培・慣行栽培のいずれを選択するかでは、価格が入手しやすいなら特別栽培を選択が55％です[14]。つまり現状では特別栽培作物が消費者にとっての受け入れ許容限度です。

---

(13) 和泉真理「EUの農業・環境シリーズ　第52回」(2021年6月)。
(14) 日本農業新聞のネット調査による（2021年9月15日）。

　なお、CAPの有機農業直接支払いは最大11.7万円/ha、日本の環境保全型直接支払いも12万円で同水準ですが、EUの有機経営は30ha（全経営平均17ha）、日本のそれは2020年センサスでも1.66haですから、総額で20倍くらい違います。

5．みどり戦略の担い手像

　食卓と農の風景2030　すると、より確実なイノベーションはロボット、AI、IoT等を活用したスマート技術になります。みどり戦略は、「そのメリットは、大規模経営だけでなく、中小、家族経営も、また平地から中山間地域、若者から高齢者など、それぞれの者が享受することができる」としていますが、2020年度農業白書は、「スマート農業実証プロジェクト」の結果は、「高額なスマート農業機械を限られた面積で実証し、機械費が大きく増加したこと等により、いずれの事例でも利益が減少しました」としています（8頁）。大規模経営でなければ採算が取れないということです。

　みどり戦略はどんな担い手を想定しているのでしょうか。一つのヒントは農水省「農業DX構想参考資料」の「食卓と農の風景2030年」（2021年3月）という未来小説です。そこに登場するのは、①40ha経営の上原農園、耕作放棄化しかねない100haを仲間と引き受け検討中で、農水省「すごい農業づくり補助金」の申請中。②IT企業から転職した露地野菜農家、現場にはいかず次女に任せ、「37階から見る東京の夜景が一段ときれいに見えた」と結ばれているので、そこから農業をリモートコントロールしているのか。③ある酪農経営者…「私がやっている作業と言えば、集めたデータをまとめて農水省共通申請サービスeMAFFに入力するだけ」。④農業アントレプレナー…農業に新規参入し、農業コンサルと組んで米作りと日本酒の商品開発し、

「次世代のアグリイノベーター」として賞をとり、「この勢いなら、あと２年ぐらいで上場できるかな」とする農業起業家……。フツーの農家や農協の姿はありません。

　家族農業の農企業農業への置換　要するにスマート農業を核とするみどり戦略は、家族農業経営の農企業経営への置換戦略だということです。

　確かにスマート農業は、農業法人等が、雇用した非熟練の若手を即戦力として使えるなど、高齢化と人手不足の農業には有益です。しかし、どんなに技術が進歩しようと、農業は自然を相手とし、そこで培われた経験と勘が不測の事態等の対処には欠かせません。果たして、DX農業、スマート農業を軸とした農企業への置換戦略は、地球温暖化でリスクを高めている日本農業の真の持続性確保につながるのでしょうか。

6．農業カーボンニュートラル化の課題

　みどり戦略のめざす方向　以上のような問題をかかえつつも、みどり戦略が追求する脱化学農薬・肥料は、日本農業が自然力に依拠して持続性を確保していく方向の一環であることは確かです。地力維持と雑草防除（加えて病害虫防除）の体系として歴史的に展開してきた農法は、今日では、化石燃料（モータリゼーション）・化学肥料・化学農薬依存の現代農法になりましたが、その現代農法が環境という自らの存立基盤を破壊して持続不可能になる中で、それを超克する新たな農法が求められています。みどり戦略もその方向をめざしているといえますが、問題はその追求の仕方です。

　みどり戦略と新基本法（食料自給率）　みどり戦略は、同戦略によって「災害や気候変動に強い持続的な食料システムを構築することが急

務である。このことは、食料・農業・農村基本計画に示された食料自給率の向上と食料安全保障の確立を確かなものにする」と述べています。

　しかしこれはリップサービスの域を超えません。EUの例にも見たように有機農業化は、少なくともこれまでのところ単収の大幅減をもたらします。みどり戦略は「生産力向上」をトップに掲げますが、それはスマート農業にも端的に示されるように省力化（労働生産性）の追求で、土地生産力の増進には口を噤みます。しかしみどり戦略が目指すべきは、土地本来の生産力を引き出し、大地の実りを豊かにする方向のはずです。

　日本農業の基本課題は食料自給率の向上であり、みどり戦略も食料自給率の向上との両立をめざすべきです。みどり戦略は自らを「中長期的に目指す姿」とし、担当者は「生産力向上と持続性との両立を掲げた方針は初めて」（「新たな施策」）だと強調します[15]。このような「新たな中長期政策」たることの強調は、客観的には、新基本法を死に体化させ、自給率向上に代えてカーボンニュートラル化を目標とする新々基本法の提起になりかねません[16]。

　地球温暖化に対する二正面作戦　農業の持続性確保に農業カーボンニュートラル化は不可欠ですが、前述のように日本のカーボンニュートラル化に占める農業の比重は必ずしも大きくなく、そのことを冷静に見据えた、無理のない、かつ総合的なアプローチが必要です。

　各国の2030年までの計画が実施されても、今世紀末には2.4℃の上

---

(15)『どう考える？　「みどりの食料システム戦略」』農文協ブックレット、2021年、29頁。
(16)上記文献における小田切徳美「『みどりの食料システム戦略』の担い手像」を参照。

昇があるという説もあり、温暖化は確実に進行し、農業にも甚大な影響を与えます。みどり戦略も指摘するように日本の気温上昇は世界平均の二倍、世界の再保険業界でも日本の台風等の損害が世界の三割を占めてトップです [17]。農業でも、米粒の白濁化、果樹適地の北上、家畜の飼料効率・品質の低下など、さまざまな影響が出ています。温暖化対応はみどり戦略とは別系統の政策という位置づけかもしれませんが、温暖化対策とカーボンニュートラルの二正面作戦の政策こそが求められています。

みどり戦略と農業・農協　スマート農業の採算性を確保するには利用規模の拡大が不可欠です。また低農薬化や有機農業化には地域ぐるみの取り組みが必要です。そのような利用規模の確保、地域ぐるみの取り組みを実現するには、先の「食卓と農の風景2030年」に夢想された、多くは農外から参入した農企業家の突出した経営ではなく、集落営農等の地域ぐるみの協同の取組みや農協部会組織等を通じる共同利用等が求められます。そのなかで世代を超えた農業実践で培われた経験や勘が地域的に継承されることも必要不可欠です。

　みどり戦略関係の新法も、地域計画の認定から始まるようですが、行政が上から、外から立案するのでなく、農家・農協等が参画する中で、選別をゆるさない地域ぐるみの取組みが求められます。JA全国大会は、10年後（2030年あたり）の「めざす姿」として、持続可能な農業の実現、地域共生社会、協同組合としての役割発揮の3つを掲げましたが、それらに通底する第四の柱として、カーボンニュートラル化への貢献を明示し、みどり戦略が地に着いたものになるようにすべきです。

---

(17)朝日新聞「グローブ」2021年4月4日。

農水省も再可能エネルギーの半分を農村から、としていますが、今、地域では農外企業による大規模な太陽光パネルの設置で、災害の発生・危険や景観破壊が進行しています。自治体や地域住民、地権者がスクラムを組んで、そのような動向を阻止し、自然エネルギーの地産地消に取り組むことも大きな課題です。

（『文化連情報』2022年1月号）

［補］みどりの食料システム戦略法

　2022年4月、「環境と調和のとれた食料システムの確立のための環境負荷低減事業活動の促進等に関する法律」が制定され、7月に施行された。国が基本方針、県と市町村が基本計画を定め、農業者や農業者が組織する団体が実践計画の認定を受けた場合には農業改良資金等の償還期間の延長、機械・施設の導入に税制特例等の支援が受けられ、加えて、基本計画で特定区域を定め、地域ぐるみでスマート技術の活用、団地化等に取り組む場合には農地転用の許可等のワンストップ化等が図られるというものである。

　法は「食料安定供給の確保に資する」（第1条）とし、「環境への負荷の軽減と生産性の向上との両立が不可欠」としたが（第3条2）、衆院委員会は「生産性」を「食料自給率」に変える等の共産党修正案を否決した（法案自体は全会一致）。国は目標等に関する基本方針を定めるとしたが、みどり戦略に描かれた2050年目標が規定されることはなかった。

　農水省は6月には、2030年までの中間目標として、既存技術により、化学肥料2割、化学農薬1割削減、ヒートポンプ面積10.3％、有機面積6.3万haを掲げた。当面、2024年までにモデル地区50、2022年6月までの交付金支給は299となった。

　農水省が2022年1〜2月に行った消費者1,000人への調査では、温室効果ガスの排出が少ない農産物について「値段の関係なく買いたい」7％、「同価格なら買いたい」70％だった。

第4章　水田農業の政策課題

はじめに

　米価下落対策が2021年秋の衆院選の一争点になりました。各党の主張には緊急対策と制度対応が混在していますが、それらの根底には水田農業をどう位置付けるかという課題が横たわっています。その問題構図を整理したいと思います。

1．米をめぐる現況

米価下落と衆院選

　米の相対取引価格は、2019年産15,716円、20年産14,616円、21年産の12月価格は12,973円で、19年産に対して17.5％、20年産に対しては11.2％の下落です。これは近年では2014年産の下落に匹敵する暴落です。

　その最中に第49回衆院選が行われました[1]。直前に日本農業新聞が行った農政モニター調査では[2]、選挙後の新政権に期待する農政は（複数回答）、米政策（生産調整の見直しなど）40.0％、在庫処理を含む米需給改善36.9％で、両者併せて3/4になり、米問題が農政面での最大の争点でした。

　自民党は、国の買い上げや備蓄化は拒否し、コロナによる需要減退を15万tとして「特別枠」を設け、それを民間が長期保管後に中食・外食業者や子ども食堂に提供するための保管経費の助成等の政策を打ち出しました。

　野党は一致して過剰米の政府買い入れによる市場隔離を訴えました。

（1）衆院選については第6章。
（2）10月上旬に1,072人に送付、回答616人、日本農業新聞2021年10月14日。

立憲民主党は、20年産米の備蓄化、農業者戸別所得補償制度を復活し、生産調整を政府主導に戻す、国民民主党も国の責任による需給調整、戸別所得補償等を訴え、共産党は緊急買入と生活困窮者や学生、子ども食堂などに供給する、としました。

選挙の結果、野党は宮城、福島、新潟で議席を増やしましたが、前回の参院選における東北・新潟等のような大きな変化はありませんでした。むしろ佐賀、福岡、宮崎、熊本、大分で自民が議席を減らすという変化の方が注目されます（→**第6章第2節**）。

米の位置づけをめぐって

1994年までの食管法は、飯米を除き全量政府売り渡し義務を定めていました（過剰下で買入基準数量に変更）。売渡し義務を課せば、当然に国家には補償義務が伴い、政府米価の決定や米生産調整政策となりました。

しかし95年の食糧法へ改変とともに売渡義務は削除されたました。そこでも政府は需給と価格の安定を図ることとしましたが、具体的には、備蓄は「米穀の生産量の減少により供給が不足する事態に備え」る備蓄買い上げ（現在は適正水準100万ｔ）と、「生産者の自主的な努力を支援」する生産調整に限定しました。

食料・農業・農村基本法はより一般的に価格の著しい変動の影響を緩和する施策を講じるものとし、「ナラシ」や収入保険を制度化しました[3]。それは加入自由で、掛け金負担を伴う保険制度という、「半」自己責任の市場メカニズム的な制度です。

（3）「ならし」は標準収入と当年収入の差額の9割補てん、収入保険は、基準収入の9割を下回った場合に、下回った額の9割を補償（基準収入100として、当年収入70の場合には、〈90−70〉×90％）。主食用米の面積カバー率（2020年）はならし51.4％、収入保険も含めて61.6％。

　このような仕組みの限界を明らかにしたのが今回のコロナ禍です。そもそも農産物の収穫は天候等の自然環境に左右され、その需給調整には、作付に先立つ事前調整（生産調整）と、収穫後の事後調整が不可欠です。第二に、パンデミック的な「災害」に対する事後調整には加入自由な保険制度では限界があることです。野党は、このような制度的欠陥を突き、恒久措置を要求すべきです。

　加えて、コロナ禍の影響は米価に限りませんから、米についての特別措置には、米のそれなりの位置づけが必要です。その第一は、消費者にとっての主食という位置づけでしょう。しかし米は、世帯の支出額で2014年に首位をパンに抜かれ（2020年にはパンが米の1.3倍）、麺類にも86％まで迫られています。供給熱量では21％（小麦13.2％）で、依然として第一位ですが、例えば1960年の48％から大分下がっています。

　他方で生産面では、水田は経営耕地の55％を占め、5割を切るのは東山と沖縄のみです。そして全農業経営体の7割が稲作に取り組んでいます。このような全国・全農家普遍性が、「コメの政治」をもたらしてきたと言えますが、今日ではそれが揺らいでおり、改めて水田農業の国民的位置づけが求められます。

2. 米価と生産費をめぐる状況

米価の動向

　生産費や需給状況との関係で米価の推移を見たのが**図4-1**です。米価が高いか低いかがよく問題とされますが、図では生産費に対する割合（以下「**生産費比**」）として捉えることにしました。ここから次の点が確認されます。

　第一に、この15年間に生産費は1割しか下がらず、米価はもっぱら

図4-1 民間在庫等と米価/生産費

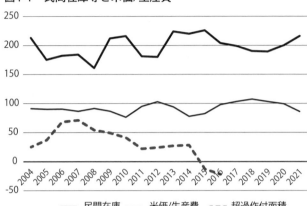

注：1）米価は相対取引価格、生産費は全算入生産費、超過作付面積は
主食用作付け面積－生産数量目標の面積換算
2）単位は民間在庫は万t、超過調作付面積は千ha、米価/生産費は%
3）農水省「米政策の推進状況について」（2021年6月）等による。

需給との関係で変動してきました。

　第二に、米価の生産費比は2015年までは概ね100％を切り、その意味で低米価でした。とくに2009、2010、2014、2015年は米価下落が大きかったが、それは民間在庫が200万ｔを超す過剰年でした。2006～08年は民間在庫が200万ｔ以下にもかかわらず米価/生産費が低下しましたが、当時は過剰作付面積が高い水準で[4]、それが「過剰」感をもたらし、米価を引き下げといえます。

　第三に、2015年から過剰作付けと民間在庫が減るとともに、生産費比は上向きました。2017～19年は生産調整の「深堀り」で100％を上回りました。

　第四に、2021年産については、仮に生産費が変わらず、米価を11月

─────────────────

（4）2018年から国が生産数量の県配分をやめたことにより、「過剰作付」の
数字は消えた。

価格とすれば、米価の生産費比は86.7％となり、民間在庫200万 t 以上の年次並みの低米価になります。

　第五に、生産調整による需給均衡下では、米価は生産費の水準に形成されているといえます(5)。

民主党の米戸別所得補償政策

　野党は戸別所得補償政策の復活を主張しましたが、かつての民主党政権のそれは、米の生産数量目標を下回った米生産農家に全国一律に10 a 当たり15,000円の米戸別所得補償をするというものでした（その他に水田活用の所得補償交付金）。多くの米農家が歓迎しましたが、他方では補償額分だけ業者が買いたたくので米価を引き下げるという批判が出されました。

　図4-1から2010年の米価は史上最大の下落で、その点では批判は当たっていました。しかし翌年には米価は回復します。民主党は「コメを作らせないという意味での生産調整」「米価維持のための生産調整」は行わないことを強調しましたが、現実には、生産数量目標以下に米生産をとどめること、すなわち事実上の生産調整を米戸別所得補償の要件として設定しました(6)。この15,000円の交付金付き生産調整が功を奏し、過剰作付け、民間在庫が減ったことが、米価回復をもたらしたといえます。つまり米戸別所得補償の効果は、それ自体によってではなく、生産調整政策と制度的に連動することではじめて発揮され

（5）米市場の再開設等が強調されているが、それは平均的な米価形成そのものではなく、米取引にとっての産地銘柄別の市場価格の必要性からと言える。

（6）さらに、水田活用自給率向上事業として、生産数量目標の達成如何にかかわらず戦略作物に10 a 当たり交付金（麦・大豆・飼料作物に35,000円、新規需要米に80,000円等）。

54

表4-1　作付け規模別にみた60kg当たりの米価/生産費の比率―2016年―

単位：%

	平均	0.5ha未満	~1.0	~2.0	~3.0	~5.0	5.0ha以上
都府県	84.2	51.9	74.6	77.1	88.6	92.9	112.7
中国	65.3	42.8	58.8	75.0	83.7	78.2	139.5

注：「米生産費調査」による。米価は主産物価格。生産費は全算入生産費。

たと言えます。

　また、生産費のカバーを目的とするなら、生産費の地域間格差を配慮すべきで、それを全国一律の支払いとして仕組んだこと自体が矛盾です。2016年のデータで、中山間地域性が最も強いと思われる中国地域と都府県平均の比較をしたのが**表4-1**です[7]。都府県平均でも米価は生産費以下ですが、中国地域では生産費比は65％という大赤字です。とりわけ3.0〜5.0ha層の落ち込みが大きい[8]。

　中山間地域の大宗をなす中小規模層（とくに1ha未満層）の赤字幅は大きく、現行の中山間地域直接支払いを超える支援措置がないと、水田農業の持続性は確保できません。

3．生産調整政策の推移

水稲作依存を強める生産調整政策

　米消費が加速的に減少しているもとでの需給均衡は、生産調整と米の販路拡大が鍵を握ります。

　まず生産調整（政策）の展開を簡単にたどりますと[9]、当初は休

（7）米生産費調査統計は2017年からは北海道と都府県の別しか表示しなくなった。
（8）5ha以上になると都府県平均より状況はよくなるが、第一に、5ha以上層のサンプルは平野部からとられている、第二に、米価が都府県平均より5％ほど高く、高価格米を作っているという可能性がある。
（9）拙著『戦後レジームからの脱却農政』筑波書房、2014年、第3章。

耕にも助成金が支払われましたが、早期に転作主体に切り替えられ、とくに1978～86年の水田利用再編対策では10ａ当たり6～4万円の助成金のもとで、構造政策的な観点（農地利用の中核農家への集積）を強めつつ、転作定着に向けて集団転作、ブロックローテーション、「地域輪作農法」が追求されました。他方では臨調行革路線から「奨励金依存からの脱却」が求められ（81～83年）、80年代後半に自主流通米が政府米を上回るなかで、農政審報告は「生産者・生産者団体の主体的責任を持った取組みを基礎に」、生産調整に取り組むこととしました（1986年）。

　生産調整の目標面積が77万ha（87年）から100万ha超（2003年）に引き上げられる中で、助成金も10ａ2万円弱に引き下げられるとともに、転作には限界感が生じ、生産調整は、他用途利用米（82年から）、飼料米（86年から）、民主党政権下の「水田利活用自給力向上事業」へと、水稲から畑作物への作付転換ではなく、収穫した米の主食用からの用途転換への性格変化を強めました。

　水田利用の実態をみたのが**表4-2**です。大豆や麦の畑転作は頭打ちです。他方で、主食用米・備蓄・新規需要米を合わせた水稲作付面積の水田面積に対する割合を見ると、2008年の65.1％から2020年の66.4％へとわずかながら高まっています。水田農業は、「生産調整」

表4-2　水田利用の推移　　　　　　　　　　　　　　　　　　　　単位：万ha

	主食用米	主食用以外の米					大豆	麦	水田面積	水稲作/水田面積
		備蓄米	加工用米	飼料用米	その他	小計				
2008	160		2.7	0.1	1.1	3.9	13	17	252	65.1
10	158		3.9	1.5	2.2	7.6	12	17	250	66.4
12	152	1.5	3.3	3.5	3.3	116	11	17	247	66.4
14	147	4.5	4.9	3.4	3.7	16.5	11	17	246	66.7
16	138	4.0	5.1	9.1	4.8	23.0	12	17	243	66.3
18	139	2.2	5.1	8.0	5.1	20.4	12	17	241	66.0
2020	137	3.7	4.5	7.1	5.5	20.8	11	18	238	66.4

注：農水省「米政策の推進状況について」、水田面積は「耕地及び作付面積統計」。

の掛け声にもかかわらず水稲依存度を高めているわけです。

　切り札としての飼料用米も、ピークより減っています。財政制度等審議会は、昨年同様、水田活用の交付金について、「転作助成金の膨張を招き財政的持続性へのリスク」があるとし、飼料用米等を念頭に「収益性が低く補助金交付の多い転作作物」を作る傾向を批判し、高収益作物への転換を促しています（→［補］）。

　生産調整政策の行き詰まり感は否めません。

稲作の地域普遍性

　生産調整は稲作の地域シェアの変化、いわゆる主産地化をもたらしたか。それをみたのが**表4-3**です。生産調整が開始されてから50年、稲の作付けは東北、北陸にシフトし、北関東以北の東日本のシェアは49.1％から61.0％へと10ポイントほど高まりました。しかし50年間で10ポイントという数字はそれほど高いとは言えないのではないでしょうか。また変化は90年までの転作時代の方が大きく、以降は減速しています。

　南関東や東海といった都市近郊や、山陽、南九州等はシェアを落としましたが、山陰等は何とかシェアを保っています。以上から、稲作の地域普遍性には根強いものがあるいえます。

表4-3　稲作付け面積の地域シェアの推移
単位：％

グループ	地域	1970	1990	2020
A．拡大	北海道	8.4	7.7	8.0
	東北	20.4	26.5	28.9
	北陸	10.9	12.4	15.3
B．微減	北関東	9.4	9.6	9.1
	南関東	6.2	5.7	5.6
	長野・山梨	2.8	2.3	2.1
	山陰	2.5	2.2	2.0
C．縮小	東海	7.8	6.2	5.4
	近畿	7.8	6.6	6.2
	山陽	6.3	5.4	4.4
	四国	4.1	3.4	2.6
	北九州	9.9	9.3	8.5
	南九州	3.6	2.6	1.8
	沖縄	0.1	0	0
グループ小計	A	39.7	46.6	52.2
	B	20.9	19.8	18.8
	C	39.6	33.5	28.9

注：『農林業センサス』による。90年までは収穫面積、2020年は販売目的の作付面積。

生産調整の担い手と直接支払い

生産調整の担い手を直接に示す統計は見当たりませんが、**表4-4**、**表4-5**の「受取金額」[10]の農業所得に占める割合から間接的に推測で

表4-4　水田作個別経営の受取金額、農業所得に対する割合、受取金額の構成
　　　　―2017年―

単位：円、％

水田作付延べ面積	受取金額	農業所得に対する割合	受取金額の構成		
			米直接支払	水田活用	畑作直接支払
平均	513	73.7	15	53.2	18.7
0.5ha未満	51		23.5	64.7	
0.5〜	113		28.3	38.9	
1.0〜	251	50.8	27.9	53.8	0.4
2.0〜	540	41.5	22.6	58.6	3.9
3.0〜	818	46.0	24.8	48.3	6.6
5.0〜	2,311	58.3	13.9	65.3	8.5
7.0〜	3,196	60.2	12.3	51.4	23.4
10.0〜	4,968	62.7	9.1	56.8	22.6
15.0〜	9,424	88.5	7.7	60.0	24.5
20.0〜	10,936	77.9	8.4	50.4	31.5
30.0〜	28,138	122.9	5.4	44.5	43.7

注：「営農類型別経営統計」による。

表4-5　水田作法人経営の受取金額、農業所得に対する割合
　　　　―2017年―

単位：千円、％

水田作付延べ面積	受取金額	農業所得に対する割合	受取金額の構成		
			米直接支払	水田活用	畑作直接支払
平均	17,758	92.7	7.9	52.2	23.7
10ha未満	1,975	49.5	17.2	42.1	4.8
10〜	8,727	89.3	9.0	56.6	9.6
20〜	14,372	111.3	7.3	68.0	11.8
30〜	16,878	84.2	9.4	53.0	22.0
50〜	48,176	96.7	6.9	46.7	31.6

注：表4-4に同じ。

(10)「受取金額」は「共済・補助金等受取額」で、共済受取金、米直接支払い、水田活用交付金、畑作直接支払いからなるが、表からも後三者の米・生産調整関係の直接所得支払いが9割弱を占める。

　なお農業統計では、5 ha未満を一括し小規模層まで含めた経営の詳細は2018年から把握できなくなった。そこで少し古いが2017年の数字を示した。2020年の状況については、拙稿「農林業センサスにみる地域農業の課題」『経済』2022年11月号。

58

きます。これによれば個別経営では5ha以上層で5割を超え、上層に行くほど高まっています。法人経営でも10ha以上で100％前後になっています。大規模層ほど農業所得を生産調整助成金に依存している、いいかえれば生産調整を担っていると言えます。しかも上層では農業所得をほとんど受取金（直接所得支払い）に依存していることがわかります⁽¹¹⁾。

　大規模経営としては、引き受けた広い農地面積を少ない人数でこなすには粗放な転作目（飼料米を含む）を取り入れつつ、雇用者の就業確保と労力配分を図り、経営の安定を図るためにも直接支払いへの依存がかかせません。また例えば大豆転作等では、播種機、中耕・培土機、収穫機、乾燥調製施設等の新規投資が必要で、導入には一定の規模を要します。

　では一般の水田作経営はどうでしょうか。**表4-6**に時間当たり農業所得の推移をみました。経営耕地規模は直近で240ａ、うち稲作は150ａ程度の経営です。その時間当たり農業所得は500円台程度、米価がよかった年は700〜800円になりましたが、直近では何と170円です⁽¹²⁾。農業所得には先の直接支払いも含まれますが、それでも水田作は経営的に成り立たないと言えます。

表4-6　水田作経営の時間当たり農業所得

		2005	2010	2015	2020
経営耕地面積	a	169	198	230	241
自家農業労働時間	時間	822	854	889	987
農業粗収益	千円	1,863	2,260	2,532	3,450
農業経営費	千円	1,439	1,785	2,006	3,271
農業所得	千円	424	475	526	179
時間当たり農業所得	円	516	556	592	181

(11) なお、水田作の全農業経営について受取金/農業所得の割合が高い地域は東北、北陸、中国、九州で、30％程度である。

4．政策動向と水田農業の課題

国民的課題としての水田維持

　以上では、生産調整が転作としては行き詰り、収穫米の用途転換に依存せざるを得ない状況、生産調整50年の米産地移動が小幅であったことをみてきました。それは日本の風土には、全地域的に水田を水田として維持し、水田に稲を植えることが適していると言えます。水田が水田である限り、耕作者には水稲（主食）を作る権利があり、それを召し上げるには相応の補償が必要です。生産調整政策からの脱却が言われますが、稲作付権の元となる水田面積そのものを減らさなければそれは無理です。

　しかしそれは国民生活的に妥当でしょうか。水田は多面的機能がそもそも高いうえに、近年、気候変動の被害が甚大になるなかで、「たんぼダム」等の機能がいよいよ高まっています。水田を水田として維持していくことが国民的課題であり、問題はその方法です。

米消費減退の背景

　そのためには米需要の拡大が欠かせません。農政は、消費拡大や輸出増大のためとして、〈規模拡大（構造政策）→コストダウン→価格引き下げ〉路線を追求しています。

　第一に、規模拡大はコストダウンにつながるか。安倍内閣の『日本再興戦略』（2013年）は、今後10年間で全農地面積の８割を担い手に集

(12) これは主として経営費増によるもので、2019年から市場手数料、交際費等を経営費に参入したと説明されている。水田作経営の2020年の時間当たり農業所得は、法人経営体は535円、うち集落営農は946円。なお図4-2との間には大きな差がある。図は水稲作付規模であり、あくまで平均価格と階層別生産費の差額からの計算である。

積し、その米生産コストを4割削減する（60kg当たり9,600円）にするとしました。その10年が迫っていますが、**図5-1**（後掲）にも明らかなように50ha以上層でなければ目的は達成されません⁽¹³⁾。

　第二に、価格引き下げは消費拡大につながるか。米政策改革の時代には、米需要の価格弾力性として−0.3349という数字が使われました⁽¹⁴⁾。価格が10％さがれば需要が3％伸びる（10％あがれば3％減る）という数字です。2010年代に入り米消費の減少スピードが再び高まるなかで、生産調整政策（その深堀り）が米価をつり上げ、消費減退を招いているという説もあります。

　しかし、**図4-1**からは適正な生産調整は米価を生産費水準に形成する機能を果たしているといえ、「高」米価をもたらしているわけではありません。

　今日の米消費減退の「主役」は50歳以上の中高年世代とされています。とくに50代の人が60代に加齢する過程での消費減退が著しい。この世代では肉類消費が著増しています。つまり消費減退は加齢効果であって、価格弾力性の作用ではありません。中高年層で高まっているのは中食としての米消費（弁当やおにぎり）であり、消費者のニーズに即した多様な食べ方の開拓⁽¹⁵⁾、それに伴う商品開発が消費拡大の鍵だと言えます。

---

(13)その原因は規模拡大に伴う圃場分散にあるとして、農政は農地集約化政策を展開している（次章）。

(14)農政調査委員会編『米産業に未来はあるか』（2021年）の座談会における針原寿郎発言。計測者は草苅仁。

(15)中高年にとってカロリー摂取よりも、むしろ糖質を減らす炊飯等の方がニーズになっている。米消費の拡大戦略については、日本農業新聞の「米のミライ　消費編」（2021年7月8日〜15日）。パンは、いつでも、どこでも、多様な形で、調理の手間抜き（少なく）食べられる。その可能なところを取り入れる必要がある。

　また、10代の米消費は減っておらず、40代までは減り方が少ない。米飯給食の効果は大きく、公共給食の拡充がもう一つの鍵です[16]。

みどりの食料システム戦略と水田農業

　「みどり戦略」は、前述のように、EUの「農場から食卓まで」(F2F)戦略と異なり、そのための財源や所得補償には全く触れられていません。しかし、上記の①〜③から、その道筋は推測可能です。すなわち、大規模経営に集中した直接所得支払い（「受取金」）の支払い対象を「みどり戦略」の実施者に限定する（いわゆる「グリーン化」する）ことです。財政危機が強まる中で2兆円強の農林予算を大幅に増やすことは至難とすれば、主な財源はそこしかありません（水田作以外については多少の工夫が必要ですが）。

　EUは〈価格支持政策→直接支払い政策→環境保全との結合（グリーン化)〉という道筋をたどってきました。それに対して日本は、〈米価支持政策（売買逆ザヤの補填等）→生産調整政策（米価維持と生産調整助成金)〉の道をとりました。遅ればせながら、「みどり戦略」でそれを「グリーン化」しようというわけです。

　つまり農政は、みどり戦略、生産調整、コスト削減等の政策課題を、担い手・企業的経営の育成、そのための規模拡大という構造政策の一点に統合する狙いです。

まとめ

　以上を踏まえて水田農業の課題を整理すれば、①水田を水田として維持する。②そのため米需要の拡大を追求し、なお必要な生産調整の

(16) 青柳斉『米食の変容と展望』筑波書房、2021年、を参照。

環境維持・国土保全機能を高め、生産費に見合う米価を実現する。③消費者負担の軽減に向けて生産費を引き下げる。

　農政もそのような方向を追求してきましたが、以上の諸課題を、前述のように、EUとは異なり、構造政策の一点に統合し、担い手への農地集積で果たそうとするところに問題があります。

　しかし化学農薬の削減、有機農業の追求等のためには地域ぐるみの取り組みが不可欠です。圃場の連坦性を確保し、水田の外囲（畦畔・農道等）を地域資源として保全するためにも地域ぐるみの取り組みが欠かせません。そのためには農山村に多くの人びとが定住できることが不可欠です。一握りの個別の大規模法人経営に農地を集積する農政路線に従うのか、それとも集落営農（法人）的な地域ぐるみの取り組みでチャレンジするのか、そのことが問われています。

（『文化連情報』2022年2月号）

［補］水田活用交付金をめぐって ─────────────

　「水田活用の直接支払い交付金」（以下「水活」）は、民主党政権の戸別所得補償制度の廃止に伴い2013年度から始められたもので、自民党農政時代の「転作助成金」の政策名で、戦略作物助成（麦・大豆・飼料作物、飼料用・米粉用米、WCS用稲が対象）と産地交付金（上記の上乗せ、野菜・果樹等の高収益作物）からなる。

　水活について、かねてから転作助成の削減・廃止を主張してきた財務省は、2016年予算執行調査で、水田機能を失っている水田等にも交付事例があるとして、「米の生産ができない農地や米以外の生産が継続している農地は交付対象から除外すべき」とし、農水省も「除外するための基準の明確化措置を講じる」として、畦畔・水路のない水田は交付対象外としたが、実施はされなかった。

　この問題について、概算要求をチェックする財政審議会は2020年末、転作物は「低収益・高補助金」になっている、高収益作物を作付けして輸出

基盤にすべき、21年末には、大規模経営は交付令依存で低収益作物（飼料用米など）を作っており、水田活用交付金の膨張は財政持続性困難と断じた。

　折からの米過剰に対して、農水省は2021年の補正予算で21年産より水田リノベーション事業（新市場開拓米、輸出・加工用の麦・大豆・野菜・果樹等）を開始することとした。それと合わせて農水省は2021年12月初め、過去5年水張りしていない水田は対象外とする等の水活の見直しを提起した。「過去5年」は「今後5年」に改められたものの、加えて多年生牧草は播種年以外は交付金を減額するとした。

　問題は21年衆院選の直後から具体化し、22年参院選に向けての自民党Jファイルからは水活の「恒久的確保」の文字が消えた。参院選では、自民党は「実態を踏まえた検討」と逃げ、立憲等は法制化を訴えたが、自民党旧説の二番煎じだった。調査結果を7月にとりまとめ、秋に決定という段取りである。

　中間報告では、長期のブロックローテーションや輪作に差し支える、水張り（水稲作付）すれば米過剰を促進する、地代原資がなくなるので転作田貸借は解消、地権者戻しとなり、耕作できない地権者は耕作放棄しかねない、牧草は播種年以外も相応のコストがかかる等、さまざまな問題が寄せられている。

　経緯から明らかなのは、財政当局に転作予算を減らしたい、ついてはその発生源としての水田面積そのものを減らしたい意向があり、過剰対策に必死な農水省は、水田イノベーション事業の予算確保のために水活見直しに応じたといえる。

　問題の根本はかくして、水田を農業・国民生活にどう位置付けるかにある（経過については坂下明彦・北大名誉教授の教示を得た）。

第5章　人・農地プランの法定化

Ⅰ．人・農地プランの歴史と法定化

　人・農地プランの法定化が2022年の農業経営基盤強化促進法の改正により実現した。これまでの人・農地プランをめぐるいきさつを顧みつつ、その内容と問題点、課題について考えたい。

1．プランの変遷
民主党時代の人・農地プラン

　農水省は、07年、「価格とか専業、兼業を同一に扱う政策とはもう決別した。ただ、農地の問題は私たちも最後に残された大きな問題だと思っている」（官房長）と経済財政諮問会議に報告し、新たな農地政策の立案にあたった。要するに、品目横断的政策で、WTO農業協定への対応を終え、かつ政策対象を個別経営4 ha、集落営農20ha以上に限定する階層選別的な政策枠組みを作り上げたので、後は担い手への農地集積を果たすだけというわけである。

　それには、出し手の農地を担い手に結び付けていく中間機関が必要だとしつつ、既存のそれは、農地保有合理化法人（県・市町村公社）にしても農用地利用改善団体にしてもその役割を果たしていないとして、市町村に新たな面的集積組織（農地利用集積円滑化団体）を作ることとした。出し手は円滑化団体に貸付先を白紙委任し、円滑化団体がプールした農地を担い手に再配分するという仕組みである（2009年法改正による農地利用集積円滑化事業）。円滑化団体には市町村、農協等がなれるとしたが、農協が5割以上を占めた[1]。

（1）拙著『この国のかたちと農業』筑波書房、2007年、Ⅱ第3節。

　また末期自民党農政は、補正予算で、集落営農が法人化して利用権集積した場合に、10ａ年1.5万円の５年分7.5万円を初年度は交付する農地集積加速化事業を補正予算で手当てしたが、政権交代でその３千億円は無駄使いとして執行停止された。

　民主党政権は、2010年、TPPに参加表明しつつ「開国と農業の再生の両立」を図るとして、「包括的経済連携に関する基本方針」で、「人と農地の問題を解決するための未来の設計図」「地域農業マスタープラン」としての「人・農地プラン」を作成することとした。民主党は官僚農政を排して政治主導の政策形成を図ると意気込んでいたが、現実には円滑化事業の促進を図ろうとする官僚農政に従った。

　人・農地プランは、まず市町村に検討会を設け、そのメンバーには女性が３割以上参加して、基本方針をたて、集落での話し合いを通じて「地域の中心となる経営体」（認定農業者等）を特定し、５年後までに面積の８割程度を集積することとした。中心的経営体は平地で20〜30ha、中山間地域で10〜20haということで、当時としてはウルトラ構造政策だったが、折からの集落営農の展開が念頭にあったのかもしれない。プランに位置付けられると青年就農給付金、出し手には農地集積協力金、受け手には規模拡大加算が交付される。農地集積協力金は円滑化団体への白紙委任が主たる要件になり、円滑化事業の促進効果も期待された[2]。

自民党農政下の人・農地プラン

　安倍政権は、この人・農地プラン政策は民主党政権から継承した。同時に安倍政権は2013年「日本再興戦略」で、TPPに参加しつつ、今後10年間で農地の８割を担い手に集積し、その米生産コストを４割削

（２）『季刊地域』第10号（2012年８月）が、取り組みの実例等を紹介。

減（60kg9,600円）することとした。TPP参加、8割集積ともに民主党政権から引き継いだものだが、8割集積はその後の農政の至上目的となった。

　具体的には、県段階に農地中間管理機構（農地バンク）を創り（これまでの県公社の看板替え）、利用権を県段階でプールし、借り手を公募して再配分するとした。折からの財界の農業進出の要求に道をつけようとするものでもあった[3]。

　しかし、地域に自らの足をもたない県段階組織がいくら整備されても、それ自体が利用権の設定を促進するわけではない。担い手集積率のアップは思わしくなく（2021年度で58.9％）、23年80％達成には程遠かった。

　また規模拡大できたとしても、そのコストダウン効果も、**図5-1**にみるように10～50haクラスではあまり働かず、その原因として、規模拡大に伴う圃場分散が指摘された。

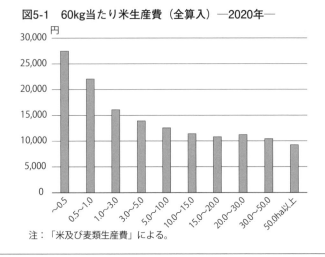

図5-1　60kg当たり米生産費（全算入）―2020年―

注：「米及び麦類生産費」による。

（3）拙著『戦後レジームからの脱却農政』筑波書房、2014年、第6章。

　さらに、農林業センサスの結果、2015〜20年には基幹的農業従事者、農業経営体、農地の減少率がかつてなく高まった。とくに農地減少率は、2005〜10年には1.7％だったが、10〜15年5.0％と15〜20年6.3％と急上昇した。05〜10年には品目横断的政策の交付対象化を狙った集落営農が急増することで農地減少に歯止めをかけたが、集落営農ブームが去るとともに、大規模経営が増えているにもかかわらず、農地減少率も高まった。それまでの農政は、離農が増えても、その跡地を規模拡大経営が引き受けることで、規模拡大と農地維持が両立するとしてきたが、それが崩れたのだ。

　それに対して農政は、規模拡大のスピードアップを図りつつ、同時に農地総体を維持する政策として、集積（経営面積の量的拡大）と集約（連坦化・団地化）を図ることとし、人・農地プランの実質化（担い手経営の経営耕地が過半を占める、2019年）、さらにはその法定化を図ることとした。

2．プランの仕組み

　農水省は2021年に農地政策検討委員会を設け、そこに「人口減少下における農地等をめぐる現状と課題」について経営局と農村振興局がそれぞれペーパーを提出し、21年5月にはその「取りまとめ」、12月には「対応方向」を示し、2022年6月に法改正となった。それは基盤強化法と農山漁村活性化法の改正からなる体系的なもので、農業政策と農村政策の「車の両輪」論を具現しようとするものだった[4]。

　とくに基盤強化法の改正趣旨は、「食料安定供給の確保と食料自給

（4）以下では農業政策に力点を置き、「車の両輪」としての農村政策全般については、衆議院農林水産委員会議事録（2022年4月13日）の小田切徳美参考人の意見と関連する議論を参照。

率の向上を図りつつ」、輸出促進、コメから高収益作物への転換、スマート農業の実装、マーケットインなど、「農業の成長産業化や所得の増大を進めていく」ためとした（「取りまとめ」）。以下では、「取りまとめ」等から主な仕組みを紹介する。

①人・農地プランと目標地図

市町村が策定する「地域の農業・農地利用のマスタープラン」（地域計画）として、人・農地プランの作成を法定化する。市町村は、地域農業再生協議会等も活用しつつ協議の場を設け、「地域農業の将来の姿」（取り組む作目、農地として利用するエリア等）について話し合い、農地の効率的・総合的な利用の目標を含む人・農地プランを、施行日から2年以内に策定する。

人・農地プランの中で、集落の農地について**目標地図**を作成。目標地図は、**10年後にめざすべき地図として、農地の集約化等の基準に適合するよう作成**する。具体的には農地一筆毎に利用者を特定する。受け手が見つからないなど合意が得られなかった農地は作成後も随時調整。

目標地図の原案は、農業委員会が、まず出し手・受け手の意向を反映した**現状地図**を作り、それに基づいて推進委員等が出し手、受け手の調整を行い、原案を作り、市町村が決定する。

農協等は、農作業受託、農業経営、複数の農事組合法人への参画を通じてプランに位置付けられるなど、「**伴走機関**」として協力する。

②農地バンク（農地中間管理機構）の役割

農地バンクの事業に農作業受委託を追加し、プランの区域で事業を重点的に行い、区域内の農地所有者に農地バンクへの貸し付け協議を積

極的に申し入れ、農家負担ゼロの基盤整備事業や地域集積協力でプランを後押しし、農地バンクからの借受希望者の公募（企業等へのルートだった）は取りやめつつ、地域外からの受け手候補を探してプランに紹介。目標地図内の遊休農地・所有者不明農地も幅広く引き受ける（その利用権は20年から40年に）。

　プラン内の2/3以上の農地所有者等の同意を得た場合は、貸付相手先は農地バンクとすることを提案できる（農地バンク以外に貸してはならない）。

③農地賃貸借の一元化

　これまで農地賃貸借については、ａ．農地法による個別許可、ｂ．市町村の農用地利用集積計画（当事者相対）、ｃ．農地バンクの農用地利用集積・配分計画による転貸借の３方法があるが、「個々の要望に対応した相対の貸借を重ねても、地域の農地利用の望ましい姿を**予定調和的に実現することは難しい**」として、ａは残しつつも、ｂはｃに統合し、**賃貸借の経路を農地バンク経由に一元化**した。また農地法上の農地権利取得の下限面積は廃止し、市民等の小面積借入等を可能にする。

④農業者の確保・育成

　基本方針（県）・基本構想（市町村）を定めるにあたっては、まず「農業を担う者の確保及び育成を図るための体制の整備」等、次いで「効率的かつ安定的な農業経営を営む者に対する農用地の利用の集積に関する目標」を定めるとしている（法第５条）。担い手に限定されていた集積対象が**「農業を担う者」「農業者」**に拡大された。

　そして農業を担う者の育成・確保のため「農業経営・就農支援セン

ター」機能の体制を整備し、確保のための国等の助成を定めている（第11条の12）。

　さらに活性化法改正に当たっては、農山漁村の担い手として「農業以外の事業にも取り組む農業者（半農半Xなど）、多様な形で農山漁村に関わる者の参入を促進」（取りまとめ）するとした。

⑤農地の粗放的利用

　農山漁村活性化法の改正で、市町村が作成する活性化計画に農林漁業団体等が実施する農用地の保全等に関する事業を追加する。冒頭に述べた農村振興局ペーパーでは、同事業について、中山間地域等であらゆる政策努力を払ってもなお農地として維持することが困難な土地について、食料供給基盤としての機能は極力維持しつつ持続可能な土地利用を実施するとして、**有機栽培や緑肥作物の導入、放牧などの粗放的農地利用、鳥獣害緩衝帯**（非常時に農業生産再開が容易）、**森林としての利用**を例示している。

Ⅱ．評価と課題

1．プランの評価

農地の地域自主管理

　人・農地プランの評価は難しい。いろんな側面があるからだ。評価はした上で、問題が多く、課題は大きいというのが、本章の結論的な立場だ。以下では評価について述べ、問題点・課題は次項で検討する。

　農地の管理・移動をめぐっては、農地法による権利移動統制から、1975年の農地利用増進事業、80年の利用増進法、92年の基盤強化法での利用権へと変化してきた。その背景にあるのは、農地管理の国家統制から地域自主管理への転換である。高度成長期、兼業深化とともに、

国家統制の下でいわゆる「やみ小作」が展開してきた。その現実の流れを、農地法による国家統制という外枠（農外からの浸透圧に対する農業保護）を堅持しつつ、その内部で、地域自主的な管理に委ねようとしたのが「利用権」だった。

　農政は、その地域自主管理の仕組みを農用地利用改善団体等として制度化しようとしたが、実質化・普遍化には程遠かった。制度の生みの親の一人である東畑四郎は「農用地利用増進事業の主体は農民の自主的組織を必要とすることに変わりはありません。そしてこれはいまだに解けていない問題ですな」と慨嘆している。40年前のことである[5]。

　このような流れの中で、人・農地プランは、市町村や集落での徹底した話し合いを通じて農地移動を図ろうした点では、その自主管理の模索だといえる。しかし現実には、前述のように民主党政権でも自民党政権でも、TPP参加のための手段とされ、またプランの「実質化」、「法定化」が追求された。しかし「自主管理」を法定化するというのは、自己矛盾でもある。その意味で、人・農地プランは、生まれの筋は良いが育ちはいかがかという面がある。その矛盾を突破するためには、地域での話し合いをどれだけ実質化しうるかが問われる。

農業者の登場

　評価の2点目として、I-2-④に述べたように、農業者あるいは半農半Xなどを認めた点である。食料・農業・農村基本法にも「農業者」という言葉はあるが、育成・確保の対象は「農業の担い手」「効率的かつ安定的な農業経営」「専ら農業を営む者その他経営意欲のある農業者」だった。しかるに法改正は、そういう限定抜きの「農業を担う者」を

（5）東畑四郎『昭和農政談』家の光協会、1980年。

「効率的かつ安定的経営」の先に持ってきた。

　集積目標は相変わらず、「効率的かつ安定的経営」だが、農地集約（団地化・連坦化）のためには農業者全体を巻き込まざるを得ず、そもそも各種アンケート調査でも「担い手」だけでは地域の農地を担いきれない現実への対応といえる。そういう消極的理由とは言え、「担い手の確保・育成」ではなく、「農業者」のそれになったのは、構造政策を事実上の最大の目標としてきたこれまでの農政の根本的転換ともいえる。

集積から集約へ

　評価の３点目として、集積（量的拡大）から集約（団地化）に力点を移したことである。「取りまとめ」は「農地の集約化に重点を置いて」と明記している。今やコストダウンにとって規模拡大よりも分散錯圃の団地化の方が課題であり、集約化に力点を置くこと自体は時宜にかなっている。農政としては、集約化すれば自ずと担い手経営に農地が集まり、農地集積も果たせるということかもしれない。しかし2023年80％集積目標の達成にはとうてい間に合わない。

２．プランの課題
８割集積目標からの開放

　担い手に８割集積という目標は前述のように、民主党政権もそうだったし、安倍官邸農政の出発点でもあったが、実は1992年新政策の時に既に水田作30〜40万経営に８割集積が掲げられていた。今回の人・農地プランの法定化に当たっても、それが大前提になっているが、現実には（集積よりも）「集約化に重点」になった。

　それは時宜にかなったことである。既に2020年センサスで、経営耕地面積に占める借地の割合は39％に達した。北陸は58％、東海は51％

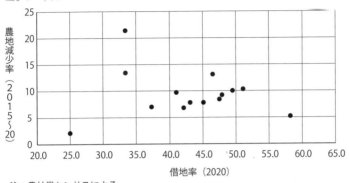

図5-2　農業地域別に見た借地率と農地減少率―2015～20年―

注：農林業センサスによる。

である。10ha以上経営の面積シェアは44％、うち20ha以上をとれば25％に達している。しかるに2015～20年に経営耕地面積の減少率は6.3％、うち田は8.3％と高度成長期に匹敵する水準に上昇している。2010年代に借地は増えるが経営耕地は減少する現象が強まっている[6]。

　いま全国農業地域別に借地率と経営耕地減少率の関係をみると図5-2のように、相関している[7]。なぜそうなるのか。その原因の一つとして、地権者としては条件の悪い田や田に付随する畑も一緒に借りて欲しいが、経営採算を厳しく問われ、賃金支払いも必要な企業的農業経営としては条件の良い水田しか借りられない。勢い、離農ケースでは貸付不能な農地は耕作放棄せざる得ない。経営継続するにも、隣の田を大規模経営が大型機械でブンブン耕作している横で小さな田を耕すのはしんどい。

　そもそも集積率8割という目標数字そのものに問題がある。これはあくまで農地バンクを通じる利用権の設定に限られる。しかるに日本

（6）安藤光義「2020年農林業センサスを読み解く」『経済』2021年10月号。
（7）この点については、借地の増加率が高い県ほど経営耕地の減少率が低いという逆の指摘もある（橋詰登・農林水産政策研究所）。とくに福島、宮城、富山、栃木等では、そうである。なお図5-2の左上は沖縄、最右は北陸。

の農地の２割は相続未登記等の所有者不明農地である。そのような農地も、2018年の基盤法改正で、農業委員会が配偶者と子に限定して不明者探索をした後、相続人の一人（固定資産税の負担者等）が農地バンクに貸すことができるようになった（20年以内）。これにより不明者全員を探索する厖大な手間の一部は省けたが、所有者不明農地の解消につながるとは思えない[8]。

　他方で、この相続未登記農地の95％は有効利用されている。すなわち利用権設定という形をとらずに、あるいは地域段階での合意で、恐らくは関係する農家の手で耕作されている。その耕作者の多くが担い手農家だとすれば、20％の95％分を上乗せできるので担い手集積率は78％に上昇し、ほぼ目標達成である。

　あるいは逆に、利用権集積率計算の分母の経営耕地から相続未登記農地20％を差し引くべきである。そうすると現実の集積目標率は、経営耕地の８割についての８割集積、すなわち0.8×0.8=64％で、2021年の59％という集積率は目標の64％まであと５ポイントということになる。

　前述のように、人・農地プランの法定化は、80％集積目標を残しつつも、「集約化に重点」を置くこととした。加えて、これまでの集積目標はあくまで「担い手への集積」だった。しかるに今や「農業者」が主役になり、そこには半農半Xまで入り、そのような者への「集約」を図ることになった。

　もはや担い手への集積率目標を追う時代ではないのである。

（8）問題の法的解明については原田純孝「相続未登記農地問題への制度的対応の経緯とゆくえ」『土地と農業』49号（2019年３月）、実態の一端については、拙稿「相続未登記農地の実態と農地集積」『土地と農業』47号（2017年３月）。

地域での話し合い

　まず「地域計画」の「地域」の範域（エリア）は何か。前述の農政文書は「集落の農地」「集落における話し合い」としているが、それが農林業センサス上の「農業集落」を指すとは思われない。センサス「農業集落」は2020年13万8千で、05年と比較して千余しか減っておらず、その意味で健在だが、農家は1集落9戸と一桁になった。それをエリアとして目標地図を描くことは、集落の現実からも、実務を担う市町村や農業委員会の現勢からも現実的ではない。

　農政の説明資料から単純平均すると、2019年度に実質化したプラン5,913では1プラン284ha、取組み中のプラン14,599では1プラン145haとされている。現実には、旧藩政村（大字）、明治村程度ではなかろうか。その程度が農業者が互いに顔の分かる範囲だろう。1市町村1プランもあるが、それでは行政庁主義プランになってしまう。

　実質的な話し合いができる範域が理想だが、たとえそういうエリア設定がなされたとしても、コロナ禍のなかで実出席の会合は忌避されがちだし、そもそも地権者に具体的な実利のある話では必ずしもない。話し合いがまとまり、農地バンクを活用することになれば、地元負担ゼロの基盤整備や農地集積協力金が用意されるが、後者は必ずしも個人に帰属するわけではない。農地集約化した農業経営にはコストダウン効果が発揮されるはずだが、それは先の話である。

　そもそも10年後の1筆毎の耕作者を特定することにどれだけの現実性があるか。連坦化・団地化が厳しく追及され、特定経営の団地化（農場化）した圃場内に取り込まれれば、もはや期間が来たら返してもらうことは、集約化をやり直すことになりあまり現実的でない。国会でも、かつて農地バンク貸付について行政が「準公有化」と表現したことが議論されたが、用益権の期限付き貸付のはずが事実上の所有権譲

渡（対価支払いなし）に近づくわけで、表現は必ずしも妥当性を欠かない。

その決断を10年前の今、どれだけの地権者ができるのか。農業委員や推進委員は各家の将来設計に踏み込んだ懇切な意向把握が不可欠になり、それは並大抵のことではない[9]。期限を切り、目標を立てて、あるいは交付金等を餌に進捗を急ぐことは慎む必要がある。

集約（団地化）の実際

冒頭の歴史でふれた白紙委任方式を議論した際にも、圃場分散には水利上の必要性、リスク回避のメリット、周辺農地への借地募集の宣伝効果、機械操作上の団地ごとでよいのではないかといった意見があった。今回も同様であろう。実際に連坦化できた事例をみると、規模拡大農家同士がエリアを決めて集積し、そのうえで「作り交換」（借地交換）する、規模拡大（担い手）農家が農業委員として率先呼びかける、集落営農同士が作り交換するといった事例がみられる。

現実に規模拡大効果が発揮されないのは**図5-1**にもみたように10ha以上規模の農業経営である。とすれば、集約の現実的な取り組みは、まず、大規模借地農業経営同士が、地権者の同意を得つつ、エリアを決めて「作り交換」することから始めるべきではないか。そのことによって現実に必要とされる集約効果のほとんどは達成されるのではないか。

（9）阿賀野市農業委員の笠原尚美さんの活躍を描いた「ハニワの農地あっせん日記」をみると（全国農業新聞に2020年8月14日から2カ月に一回掲載）農業者一人一人の事情で農地移動がいかに個別に発生してくるか、家族でも十分に調整できていないか、そのなかでの農業委員個人の活動がつぶさに分かる。笠原尚美「使い切れない農地をださないための農業委員の仕事」『季刊地域』47号（2021年10月）も参照。

　問題は地権者が作り交換に応じるかである。農地をめぐっては地権者同士にいろいろの経緯や思いがあるが、一番のポイントは「先祖代々の家産である田んぼをきちんと『守り』してくれるか」だ。借り手への信頼感である。

　それに応えるためには、規模拡大経営自体が、どの経営に貸しても同じ丁寧さで耕作してくれるという安心感の醸成が不可欠である。荒らし作りも丁寧すぎても困る。標準的な作業水準（目合わせ）で耕作するということになれば、経緯はあろうが、どの担い手に貸しても同じという状況が生まれ、作り交換しやすくなる。そのような状況を作り出すのは行政や農業委員会よりも農協や普及センターの方が適しているかもしれない。

　残る課題は二つ。一つは、条件不利な農地や畑の貸借は困難が増している。点在していれば直ちに圃場整備するのも難しい。集約にあたって、これをどうするかが課題である。

　第二に、集約化され農場的な圃場ができあがると、農道・畦畔といった地域資源管理も農場でやればよいということになりかねず、経営側にも人がいない。これまでの環境保全型直接支払い等を活用した集落ぐるみの地域資源管理の体制をどう再構築するか。

　以上全てについて、人・農地プランが当初に標榜した「地域づくり」の原点に立ち戻り、みんなの課題になる必要があろう。

利用権管理の農地バンク一元化

　前項③の点である（69頁）。「個々の要望に対応した相対の貸借を重ねても」も集約化は果たせないというが、ならば農地バンクを経由すれば集約化が「**予定調和的に実現する**」のかといえば、そうではない。現実に再配分を行うのは地元であり、だからそこでの徹底した話し合

いと人・農地プランが必要なのであって、農地バンクは再配分の形式的な器でしかない。農地バンクが「個々の要望」を無視して再配分したら、その一件だけで当該地域の農地移動はストップする。農地バンクもそのことは百も承知で地元の意向に従っている。

　問題は、そのような非現実的な理由をもって農地バンク経由に一元化することが、集積・集約にプラスか否かである。地権者にはいろいろな思惑がある。前述のように行政もかつて農地バンク経由を「準公有化」などと言い、「令和の農地改革」との誤解を招いた。地権者には自分の目と手のとどく市町村や農協経由の利用権設定にとどめたいという思いもあろう。多様な思いに即せるように多様なルートを用意しておくことが、結果的に農地バンクを経由することのメリットを実感させることになる。

　とくに農地利用集積円滑化事業では、円滑化団体は農協52％、市町村・同公社34％と農協が過半を占め、利用権設定では、2010年度17,855ha（全利用権の12.1％）から2013年度54,190ha（同30.7％）と急速に伸びたが、農地バンクの発足で元にもどった。2013年度についてみると、2,000haを超す実績は秋田・山形・宮城・栃木・長野・新潟・富山などの東日本に集中し、愛知県も件数は飛びぬけて多かった（野菜等の小規模な貸借か）。農協は、営農指導の一環、組合員サービスとして、信用共済事業利益をもって、このような非営利事業に取り組めるし、事務も簡便で組合員利便性も高い。とくに産地形成に意欲的な農協が取り組んだと言える。

　しかし、人・農地プランの法定化により、農地バンク経由に一元化され、農協は「伴走者」として位置づけられるのみで、必要な資料等も全て行政に移され、取組みは終った。円滑化事業の取組み地域が偏ったということもあろうが、利用権の3割を占めるということは半端な

数字ではない。結果は熱心でない地域に制度を合わせることになった。

人の確保が大元

　農地集積が進まない最大の原因は受け手が確保できない点であり、「人・農地プラン」は何よりもまず「人の確保プラン」のはずである。同プラン発足時（2012年）の新機軸は青年就農給付金だった。今回の改正では前述のように県「農業経営・就農支援センター」が設立されるが、その実質化にあたっては既に取り組まれている県レベルでの実践を十分に踏まえるべきである。

　例えば長野県は県単事業とし新規就農里親制度に取り組んできた。就農希望者は、まず県農業大学校研修部で1年間の基礎研修を受け、基礎知識と就農プランを磨き、次いで概ね2年の里親研修を受け、現場で技術習得しつつ農地・住宅確保に励む。

　「里親」の意義は、現場研修の教師であるとともに、農村になおありうる「よそ者意識」を里「親」の信用で払拭しうる点にある。筆者は昔、遠野の農家で「わらじ脱ぎの本家」という言葉を聞いたことがあるが、山の民が農耕民として里に定住するにあたって「本家」替わりを務めてくれることである。

　新規就農で多いのは園芸作であり、以上は水田作には必ずしも当てはまらない。水田作で里親に当たる機能を果たすのは、もしかしたら集落営農等の雇用経営かもしれない。

　いずれにせよ、人・農地プランの成否は人の確保にかかっている。

農地の粗放利用

　このような対応が求められる土地は、戦後の開拓・開墾地等が多いのではないか。それを原野や山に戻すことは、限られた資源の現状下

でやむを得ないこととしても、地域の土地利用の歴史的変遷を十分に踏まえた、整然とした耕境撤退が求められる。

第一に、この粗放利用が、区域区分制度（農振地域、農用地区域等）とどう関連するのか。場合によってはそれへの影響が大きいと思われる。

第二に、面的な区域指定になった場合、その内部に通常の農地利用が点在することになり、その営農が妨げられないか。水田の場合、水利施設等はどうなるのか。

第三に、粗放利用というが、挙げられた例は必ずしも粗放ではない。かつて阿蘇の放牧・採草原野等は周密な手入れを要し、農地価格も水田等より高かった。また、鳥獣緩衝帯というが、獣は山際が荒れて姿を隠しやすいところを狙う。一見、粗放に見えるが、相応の手入れが必要なことを念頭に置いておかないとつまづく恐れがある。

第四に、今後は、自給率もさることながら、自給力（潜在生産能力）が問われる。自給力＝単収×農地であり、その農地にこの粗放利用地を含めるのか。当然に含めるとして、そのための食料安全保障上の配慮が求められる。

おわりに

農地制度は近年めまぐるしく改変され、制度の普及や信頼性を損ねかねない状況にある。これまでの農地制度の変遷を顧みると、制度の安定性を保てたのは「利用権」ぐらいである。利用権をめぐってはさまざまな批判があるが、にもかかわらず定着をみたのは、それが現実のなかで生起してきた動きを法制度にのせた点にある。外から人為的に持ち込んだ制度は定着しない。人・農地プランがそうならないためには、何よりも地域での徹底した話し合いに依拠した農業委員・推進委員のきめ細かなアンテナ張りと活動が必要である。

第6章　選挙と農業—2021年衆院選、22年参院選

はじめに

　選挙、とくに直近の選挙の分析には困難が伴う。

　まず、データ収集が難しい。全国データとしては、唯一、明るい選挙推進協議会による各回衆院選の「全国意識調査」があるが（以下、「全国意識調査」とする、サンプル数は2,000強）、2017年7月の衆院選に関する2020年8月の公刊が最新である（3年遅れ）。社会的属性別の集計・分析を行っているが、「農・林・水産に関わる仕事」についてのサンプル数は42であり、農家階層別等に立ち入ることはできない。

　中選挙区制下では、社会階層的利害に依拠した候補者の当選もありえたが（「族議員」）、小選挙区で当選するには、満遍なく票を集める必要があり、訴える政策は多様な項目のパッケージになり、当選者と特定の利害階層・テーマとの結びつきとその程度を知ることは難しい。

　しかし困難があるからといって手をこまねいているわけにはいかない。そこで選挙結果や新聞社の出口調査を主たる手がかりとして論点整理を試みた[1]。

I. 2021年衆院選

1. 選挙の結果

与党勝利の背景

　今回の選挙の特徴は、新聞報道等によれば、第一に、与党、なかんずく絶対安定多数（国会の全委員会の委員長ポスト確保）を獲得した

（1）政党名は、自由民主党…自民、公明党…公明、立憲民主党…立憲、日本共産党…共産、日本維新の会…維新、国民民主党…国民、希望の党…希望、社会民主党…社民等と略記する。

表6-1　衆院選における各政党の相対得票率　　　　　　　　　　　　　　単位：%

		与党			維新	その他野党				
		自民党	公明党	計		共産	立憲	希望/国民	その他	計
2017年	小選挙区	47.8	1.5	49.3	3.2	9.2	8.5	20.6	8.9	47.2
(第48回)	比例区	33.3	12.5	45.8	6.1	7.9	19.9	17.4	3.0	48.6
2021年	小選挙区	48.1	1.5	49.6	8.4	4.6	30.0	2.2	4.9 (4.0)	41.7
(第49回)	比例区	34.7	12.4	47.1	14.0	7.2	20.0	4.5	7.3 (5.7)	39.0
2021年農	小選挙区	54.3	1.1	55.4	1.7	5.7	29.8	1.5	3.3 (1.1)	40.3
政モニター	比例区	43.5	6.3	49.8	5.4	9.6	25.9	2.4	5.7 (5.0)	43.6

注：1）2017年は石川真澄・山口二郎『戦後政治史　第4版』による。
　　2）希望/国民は、17年希望、21年国民。
　　3）21年農政モニターは、日本農業新聞21年11月1日付けによる。対象1,67人、回答460人。
　　　棄権または白票も含めた数に対する%で、足しても100にならない。
　　4）2021年の（　）内は、社民と「れいわ」の合計数である。

　自民党の「勝利」、第二に、野党共闘の挑戦と「敗北」、第三に、維新の「躍進」、の三点にまとめられる。以下ではこの３点に絞ってみていく。その際、後述するように得票率と議席率には大きな乖離があるので、より民意に近い得票率を中心に見ていく。

　表6-1に各政党の相対得票率（対投票者比）を見ておいた。与党は、苦戦の予想にもかかわらず、前回（2017年）に対して小選挙区、比例代表区ともに得票率をわずかながらアップしており（とくに自民党）、議席数（減らしはしたものの）のみならず得票率レベルでも勝利した。

　その勝因は、第一に、選挙直前における自民党の総裁交代による、いわゆる「疑似政権交代」の遂行である。菅政権は支持率を急速に落としていたが、疑似政権交代（中道寄り化）により、安倍・菅政権の官邸独裁色への反発、コロナ対策の無策への批判を薄めることができた。第二に、与野党のつば競り合いの中での自民・公明の強い結束力を維持した。

　第二の点については、公明が議席を得た全ての小選挙区９つについて、自民党は候補者をたてず、公明はその他の選挙区では自民候補を公認している。**表6-1**でも、与党の得票率の小選挙区と比例区の差は

表6-2　選挙区投票先別に見た比例区の投票先　　　　単位：%

選挙区投票先	比例区投票先（全体）			比例区投票先（無党派層）		
	自民	立憲	維新	自民	立民	維新
自民	63		8	40	9	15
立民		47	10	8	36	14
公明			22			
維新			62			
共産			8			
国民			13			
無所属			16			

注：1）朝日新聞、2021年11月19日による。
　　2）選挙区で立民に入れた無党派層の11%は比例区で共産。共産に
　　　入れた無党派層の11%は比例区で共産。
　　3）空欄は記述がない。

小さく、かつ前回より縮まっている。**表6-2**は、朝日新聞が8,670カ所で行った出口調査の一部をみたものだが、小選挙区で自民に投票した者の63%が比例区でも自民に入れ、8%が維新だが、残り30%程度の多くは公明に入れたものと推測される。その見返りとして、1小選挙区当たり2〜2.5万といわれる公明票の大部分が自民に回っている[2]。

野党共闘の敗北

　野党共闘の敗北というのが大方の見方である[3]。その理由として主として二点があげられている。第一は、日米安保の評価など基本政策を異にする立憲と共産の「共闘」が、とくに立憲支持者を離反させた。第二は、「共闘」の理解度や密度が低かった。

(2) 中北浩爾『自公政権とは何か』ちくま新書、2019年、338頁。
(3) マスコミが選挙前議席との比較で野党共闘の敗北を言うのに対して、前回選挙との比較での反論もあるが、それには無理がある。17年の衆院選前に、希望の党が結成、それに合流しようとして排除された者により立憲が結成された。18年に旧民進党系が希望を離れ、参院の民進党とともに国民民主党を結成、それに有力議員が参加せず、後に立憲に参加している（石川真澄・山口二郎『戦後政治史　第四版』岩波新書、2021年）。このような経緯から、17年当時の共産・立憲・社民の票数等と今回のそれを単純な比較はできないからである。

　第一の点については、マスコミの一致した見立てであり、立憲自身の評価でもあるようだ。確かに北東アジアの安全保障をめぐって緊張が日々高まるなかで、共闘勢力の一部が政権交代を前面に掲げたのに対して、安全保障面での一致なき政党の勢力拡大、いわんや政権成立に対する国民の危惧感が非常に強かったといえる。そもそも野党共闘は2015年の安保法制の成立強行に対する反対に始まったが、そこでの争点は集団的自衛権の行使をめぐってであり、日米安保そのものではなかった⁽⁴⁾。

　しかし、この点がどれだけ立憲からの票の離反を招いたかについては検証が必要である。**表6-1**によっても、立憲は、地元利害がからむ小選挙区での得票率に対して、支持政党の選択に係る比例区での得票率を10ポイントも落としており、**表6-2**では小選挙区で得た票の47％しか比例区で確保していない。

　そのことに関連して、読売・早大の共同世論調査（以下「読売・早大調査」）が興味深い⁽⁵⁾。立憲が政権交代を実現するために必要だと思う点３つを選択する設問では、実現可能な政策73％がダントツで、次が民主党政権時代の反省33％、党運営の透明性、党首の魅力が各29％、提案型の国会論戦27％で、連携する政党の見直しは第５位、23％だった⁽⁶⁾。要するに野党共闘のあり方よりも党自らの主体性、なかんずく政策立案能力にかかっているとした。この調査が世論をあ

（4）与党の当選者も、原発維持派が自民72％に対して公明９％と大差があり（朝日、2021年11月３日）、基本政策で割れている。

（5）読売新聞・早大先端社会科学研究所共同世論調査で、2021年11月１日に郵送、12月７日までの返送を集計、有効回答2,115、読売新聞2022年12月15日。

（6）他方で、野党の合流・連携については、政策の違いはあっても、勢力を大きくした方がよい36％、政策が一致している政党だけでまとまる方がよい60％、である。

る程度反映しているとすれば、政策立案能力の獲得如何によっては、立憲や野党共闘勢力の伸びしろは大きく拡がる可能性をもつ。

　第二の点については、これまたいくつかのマスコミ情報がある。その一つである読売新聞等の出口調査によれば（11月1日）、野党5党が統一候補を立てた213選挙区のうち(7)、立憲候補に一本化した160選挙区では共産支持層の82％が立憲候補に票を投じているのに対して、共産候補に一本化した39選挙区では立憲支持層の46％しか共産候補に投じていない(8)。立憲は政策立案能力のみならず共闘取り組み姿勢も不十分だった。

　野党共闘の勝率は29％（62議席）だった。野党統一候補が勝利した選挙区での自公候補の惜敗率(9)は90％以上が25、80～90％が16だったが、自公が勝利した選挙区における野党統一候補の惜敗率は90％以上が33、80～90％が21だった(10)。要するに自公候補の方がより多くの選挙区で僅差で勝っている。「競り勝った自公、競り負けた野党統一」であり、そこに「共闘」密度の差が現れている。

　立憲は自らの敗因を、前述のように第一の点（共産との「共闘」）に求めている。しかし、立憲の小選挙区での勝利57議席のうち54が野党統一候補としての勝利であり、そのうち自公の惜敗率90％以上が24選挙区、80％以上を加えれば38になる。その多くが、野党共闘が成立しなければ負けた可能性が強く、先の比例区での減票と合わせ、総じて惨敗になった可能性が強い。

（7）立憲、共産、れいわ、社民は市民連合を介した共通政策合意、立憲と国民は連合を介した政策協定。なお共闘成立は最終的には217選挙区。
（8）読売と日テレの共同の出口調査による（読売、2022年11月1日）。
（9）小選挙区の勝者の得票数で対立候補の得票率を除した率。高いほど競り合い度が高い。
（10）赤旗、11月2日。読売、11月2日「針路　21衆院選」。

維新の「躍進」

　まず「躍進」という評価についてだが、維新は国政に初挑戦した2012年は54議席、14年も44議席、それが2017年には11議席なり、そこからの回復で、正確には振り出しに戻ったと言うべきである。

　とはいえ、前回からみれば躍進である。その特徴は、小選挙区票を前回より2.3倍、比例区票を2.7倍と、ほぼ同様に倍増している点である（議席数は3→16と8→25）。

　表6-2では、小選挙区の各党得票数の1～2割が、比例区では維新に流れていることがわかる。とくに無党派層では、小選挙区で自民or立憲に投票した層が、比例区では維新に投票した割合が高い。

　また**表6-1**で比例区についてみると、2017年の希望と2021年の国民との間の得票率減が12.9ポイントと高く、それに対して維新は9.6ポイント増で、前者の6割近くに相当する。マスコミでは、維新が反（非）自民党票の受け皿になったとしているが、さらに特定すれば、2017年に旧希望に流れた反（非）自民党票の多くが、今回は維新に行ったと読める。維新は野党ポーズを強めることで、中道勢力を引き付けた。

　維新「飛躍」の第一は、大阪の地方政党だった維新が、全国政党化をめざして前回の倍の候補を立て（とくに無党派層の多い各都道府県1区）、北海道を除く全比例区で当選を果たしたことである（前回は南関東、東海、近畿、九州のみ）。維新トップは「候補者の多さと比例票の掘り起こしは完全にリンクしている」としているが（朝日新聞、11月3日）、その点で半数近くの小選挙区で立候補を控えて比例票を減らした共産と明暗を分けた。しかし維新のエリア拡大効果それ自体は一過的なものだろう（→4）。

　第二は、無党派層狙いである。そういう形で地方にも蔓延する自民党離れ層の受け皿たらんとしているわけである。先の明るい選挙推進

協会のデータでも、支持政党なしは全体で33.7%だが、10歳代41%、20歳代47%、30歳代48%、40歳代44%と高い。若い層は維新を「革新」とみているという指摘もあるが、維新の動向は、そのような比較的若い無党派層へのアプローチにかかっているとも言え、その点では予断を許さない。

　第三は、コロナ対策等に見られる政治的パフォーマンス、いわば「やってる」感の高さである。大阪の地方自治を担っている強みでもある。その点は、先の読売・早大共同調査における政党評価にも表れている。すなわち、政権担当能力の点数づけ（0〜10の11段階）では、維新の4.5点は、自民の6.5点に次ぎ、立憲の3.8点を上回る。感情温度（0〜100度）では46.1度で、自民54.3度より低いが、立憲37.5度を上回る[11]（野党第1党化！）。これらは大阪での実績の反映だろう。

世論の見方

　新聞の世論調査をみると、読売新聞の選挙直後のそれは、①与党過半数について、「よかった」55%、「よくなかった」28%、②選挙結果について、「野党がもっと議席をとったほうが良かった」40%、「ちょうどよい」41%、③野党の候補統一について、「評価する」44%、「評価しない」も44%、④立憲が共産と協力して政権交代をめざすのがよいと思うかについて、「思う」30%、「思わない」57%[12]、④2022年の参院選での望ましい議席数は、「与党が少し上回る」44%、「野党が少し上回る」22%、だった（11月3日）。

---

(11) 維新については、砂原庸介・善教将大「消極的支持で躍進した日本維新の会」の対談（『中央公論』2022年1月号）。

(12) 12月3〜5日のそれでは、「立憲民主党は、今後も共産党と協力して政権交代を目指すのが良いと思いますか」については、「思う」24%、「思わない」63%（読売、12月6日）。

88

　朝日新聞では、①自民の過半数越えについて、「よかった」47％、「よくなかった」38％、②立憲と共産は「外交や安全保障などについて主張が異なります」としたうえで、「主張が異なるまま、選挙協力することは問題だと思いますか」について、「問題だ」54％、「そう思わない」31％、③22年参院選で野党の候補一本化について、「進めるべきだ」27％、「そう思わない」51％、だった（11月8日）⁽¹³⁾。

　両者合わせれば、世論は現時点では政権交代までは望んでいないが、自民の一強体制には批判的で、それを是正するには野党の選挙協力は有効（読売の②③など）とするバランス感覚と言える。

　小選挙区制下で、与党の独走を防ぎ、さらには政権交代を目指すには、野党共闘が必須であることは自明の理である。しかしそこから直ちに特定時点での戦術を導き出すには距離がある。今回の選挙とその後の事態を通じて問われるのは、ストレートな〈野党共闘→政権交代〉ではなく、まずは野党各党の国民的政党としての立脚点の明確化と主体的力量であり、野党共闘はそのうえで政策的合意点を確定し⁽¹⁴⁾、それを党内外に周知徹底し、有権者に十分に「見える」化することだろう。

---

(13) 朝日の設問設定の②は、背景説明の形をとった誘導性が強く、その②に接続して③を問うなど、調査自体の客観性を疑わせる。
(14) 今回の解散・選挙を、共産は「政権交代選挙」としたが、立憲は「一強政治終焉」（枝野）として政権交代を具体的目標にせず、そもそも自党単独での政権交代を志向している。その前に、それぞれが国民的政党たるためには、共産は、安全保障体制に対する国民の不安に具体的に応える必要があり、立憲・国民は、大企業の正規労働者からなり、産業・企業利害と一体化した連合に依存して反自民の国民的政党たりうるかが問われる。

２．農業者と政治

投票行動の特徴

　表6-1から、農業者等の投票結果は、自民党が過半を占め、小選挙区、比例区ともに全国に対して6〜9ポイント高くなっている。自民党の比例区票/小選挙区票の割合も全国72％に対して農業者80％とやや高く、支持率の硬さを見せている。それに対して、維新や国民への投票割合は低く、とくに前者が顕著で、同党の都市政党的な特徴、新自由主義的な主張への警戒感をうかがわせる。

　日本農業新聞の選挙直前の農政モニターの意識調査（10月上旬、回答616人）では、①この4年間の自公政権の農政について…「評価する」28.8％、②農政で期待する政党…自民45.6％、立憲14.4％、共産7.3％、③支持する政党…自民45.9％、立憲12.5％、共産4.7％、④来る衆院選での比例区の投票先…自民40.3％、決めていない27.1％、立憲18.8％、共産6.0％、だった。

　①②③から、安倍・菅内閣の農政は評価しないが、にもかかわらず自民党は、農政で期待する政党≒支持する政党の45％強を占めている（このような傾向は、2021年3月のモニター調査でも同様だった）。要するに、政府（官邸・農水省）の現実農政は評価しないが、それでもいざ事が起これば、与党に陳情するしかないという現実の反映だろう。衆院選はコロナ禍、米価下落、施設園芸等の燃油高騰の最中にあり、そのような緊急の対策を要した。

　なお、関連して、2017年選挙について、市部と町村部に分けた主要政党の得票割合を**表6-3**に掲げておいた。これによると、自民党への投票率は、農村が多いと思われる町村部よりも人口20万人未満の小市部において高いことがわかる。その解明も課題である。

表6-3　都市規模別にみた比例代表の投票先主要政党
　　　　—2017年衆院選—　　　　　　　　単位：%

	自民	立憲	希望	公明	共産	維新
大都市	37.1	21.0	11.4	9.1	7.3	4.8
20万以上	35.1	**24.2**	8.1	9.8	5.9	6.7
10万以上	39.9	18.3	10.9	6.4	6.4	**8.0**
10万未満	**48.5**	17.9	5.0	9.0	4.0	3.3
町村部	38.3	22.1	7.4	10.7	5.4	3.4

注：明るい選挙推進協会「全国意識調査」による。

農業者の政策要求

同じ農政モニター調査（2021年10月）から、農政への不満や要求を探る。

・ここ４年間の農政を「評価しない」とした者（62.9％）の、評価しない項目（回答は３つまで）は、米政策（生産調整など）63.5％、規制改革（農協・生乳の扱いなど）36.5％、コロナ対策34.5％、経営安定対策（収入保険、豚・牛肉のマルキンなど）28.1％、地域政策（多面的機能支払いなど）27.8％、農地政策（農地中間管理機構など）25.5％、貿易自由化（TPP・日米貿易協定など）22.6％などで、農政全般にわたる。

・この間の農政を「評価する」とした者（28.8％）の、評価する項目は、輸出拡大44.1％、経営安定対策40.7％、コロナ対策35.6％などである。

・新政権に期待する農政としては、米政策（生産調整の見直しなど）40.9％、在庫処理を含む米需給改善36.9％、担い手対策36.0％が上位を占め、ついでコロナ対策27.8％、経営安定対策27.1％、地域政策25.3％となる。

それに対し、農政が強調する農地政策（18.7％）、輸出拡大（15.7％）、生産基盤強化（11.0％）、貿易自由化（対策）、環境負荷の低減（みどり戦略など）も10％前後で高くない。

以上から、第一に、米をはじめとする経営安定という農業者の「守

りの要求」と、農地集積・生産基盤強化・輸出といった政府の「攻め
の農政」には乖離があり、第二に、コメ問題という現下の緊急の問題
に関心が集中し、中長期的課題への関心はやや下がる。農業者も、ま
た意識調査としても、緊急課題と中長期的課題を分けて考える必要が
ある。

各政党の農業政策

日本農業新聞の要約を**表6-4**に引用する。

表6-4　各党の主な農政公約

	米政策	基盤強化策、規制改革など
自民	・特別枠を設け、コロナ禍による需要減分の保管・販売を支援 ・水田フル活用予算の恒久確保	・幅広く生産基盤を強化 ・JA グループの自己改革の後押し
立憲	・政府備蓄米の枠拡大で過剰在庫の市場隔離 ・戸別所得補償を復活	・競争力強化偏重農政から脱却 ・主要農作物種子法の復活
公明	・水田フル活用予算の恒久的確保 ・新規需要米拡大やコスト減	・半農半 X による多様な担い手確保 ・JA の自主的な改革を後押し
共産	・政府による米の緊急買入 ・ミニマムアクセス米買入の中止	・所得補償、価格補償で農業経営支援 ・無制限な輸入に歯止め
維新	・減反廃止を徹底 ・米輸出を強力に推進	・株式会社の農地保有の全面解禁 ・農協に対する独禁法適用除外の廃止
国民	・米の需給調整は国の責任 ・戸別所得補償の再構築	・有機農業面積 30%をめざす ・JA の准組合員利用規制に反対
社民	・戸別所得補償を復活・拡充	・主要農作物種子法を復活 ・食料自給率 50%以上

注：日本農業新聞、2021 年 10 月 19 日。

　上述のように農業者の関心は米政策に集中しており、各政党とも米
政策を中心に打ち出している。概ね三つの立場がある。
　第一は、政権与党で、現行制度の枠内での対応に尽きる。自民は、
特別枠を設けてコロナ禍による需要減少分の保管等の支援で、これは
備蓄制度や生産調整政策に手をつけるものではない。保管された米は
いずれ市場出荷されるので、過剰の先延ばしに過ぎないという批判が

野党からは出された。

第二は、野党共闘グループで、過剰米の市場隔離（政府買入）、戸別所得補償の点で一致している。そのうえで、立憲は表にはないが、生産調整を政府主導で行うとし、国民の「需給調整は国の責任」も同様の趣旨だろう。立憲、国民は備蓄買入の点でも一致する。共産は備蓄の言葉は使わず、買い入れた米は生活困窮者や学生、子ども食堂等に供給、とした。

第三は、維新で、「減反廃止」など安倍政権時代に戻り、株式会社の農地保有全面解禁など新自由主義政策を強調している。

政党間の争点を絞ると、コロナ禍に伴う過剰米を政府買入するか否かで与野党間対立、野党間では買入方法をめぐって政府備蓄米とするか否で相違がある。

以上を確認したうえで、問題は緊急の米過剰・米価下落問題に対していかなる政策射程をもって対応するかである。一部野党の備蓄買入、生産調整の政府責任戻しは、食糧法の改正を要し、緊急事態には間に合わない。戸別所得補償についてもその政策効果は厳密な検証を要する。

選挙政策としては、緊急事態対応と制度対応を区別して訴えないと説得力を欠く。米過剰・米価下落への対策が政策争点になったが、その対策の是非は水田農業をどう位置付けるかという将来展望抜きには語れない（→**第4章**）。

2021年衆院選では、全体の政策論争は低調であり、緊急課題をかかえていた農政においても状況は同じであり、農業者は農政に不満をもちつつも、それが投票行動に鮮明に反映されたとはいえなかった。

今後、岸田政権の疑似政権交代効果は急速に失せ、党内保守勢力・公明・維新、さらには官僚とのバランス取り内閣になっていく。その

ことは第 ・に、官邸農政から官僚農政への回帰をもたらし、官邸農政時とは異なった形での強権性を強める可能性がある。第二に、規制改革推進会議等とその主力メンバーを残したこと、新自由主義的「改革」を迫る維新が勢力を得たことで、**表6-4**にみるように農地、農協等で火種をかかえ続ける。

農業者の政党支持の歴史的傾向

　農林漁業者はもともと自民党支持が強いとされている。一世を風靡した立花隆『農協の巨大な挑戦』（朝日新聞社、1980年）によれば[15]、1950年代後半は50％台で上昇傾向にあった。60年代には自民党の議席獲得率は一貫して低下傾向をたどり始めたが、農林漁業者の自民党支持率は、逆に上昇傾向をたどって60％を超え、70年代末には70％前後になった。他方、「自民党の農林水産業者への支持依存率」（恐らく自民党支持者に対する農林漁業者の割合を指す）は、「農林水産業者の全有権者中の構成比」とほぼ並行して一貫して低下傾向をたどった。要するに、農林漁業者は人口・政治力が衰えるほど、自民党支持（依存）を強めていったといえる。

　その後の自民党支持率は、80～90年代にはほぼ70％台を維持、2010年頃にかけて40～50％台まで急落するが、その後は60％程度まで回復した。比例区での農業者の自民への投票割合は[16]、09年46％、12年41％、14年52％で、17年には55％[17]、21年44％と推移している。こ

(15) 第18章、とくに326頁の図37。データは朝日新聞社の世論調査に基づく。「支持率」の定義は明示されていない。
(16) 日本農業新聞の農政モニター調査による。自公連立により自民党は比例区票を公明に回しているが、連立は1999年から。
(17) 「全国意識調査」による2017年の比例区の自民党への投票は65.7％（その他、白票、わからないの5.7％を含む集計で相対得票率とは異なる。回答実数は35）。

こから歴史的傾向を即断することはできないが、国民一般に比して農業者の自民党支持は依然として高いといえる。その見直しが顕在化するか否かが一つの焦点である。

3．2022年夏の参院選に向けて

現状からの予想

　読売新聞が、今回の衆院選の票数を、参院選１人区（32）にあてはめて試算したところ（11月１日）、与党28、野党４となった。与党圧勝である。

　その後の読売・早大共同調査で、2019年、21年、現在（22年１月）を比較すると**表6-5**のようであり、自民は35％前後で変化が少なく（与党としては41％→46％→40％で公明に左右される）、立憲は21年に高めたものの22年に一気に10ポイント以上落とし、維新は21年に飛躍したものの、22年にかけては横ばいである。

表6-5　衆院選の比例投票先と支持政党の推移―主要政党―　　　　　単位：％

	自民	立憲	公明	共産	維新	国民
2019年の比例投票先	35	11	6	4	7	1
2021年の比例投票先	36	18	10	6	**16**	4
2021年選挙後の支持政党	35	**7**	5	**2**	14	2

注：読売・早大共同世論調査による（本文参照）。

　以上からは、参院選後は、解散がなければ今後３年ほど大きな選挙がないことから、岸田政権は大きな失政がなければ、ある程度「長期化」する可能性がある。岸田政権は、安倍・菅の官邸独裁的な強権政治に対する反発を自民党政権の範囲内である程度吸収し、またコロナ疲れ、極東の安全保障体制をめぐる緊張の高まりの中で国民の「安定」志向に応えるポーズをとり、争点を作りづらくしている。

　しかし他方では、本稿冒頭にみたように2021年衆院選が僅差での勝敗となり、相手候補の惜敗率の高い当選者が多かった。状況と運動次第では選挙情勢は大きく変わりうる。その意味では賢明・堅固な政党間連携の如何が勝敗を分ける可能性も残されている。

地域的変化

　日本農業新聞（2020年8月14日）の調査では、2017年衆院選で、農業産出額ベスト21（1,000億円以上）の小選挙区のうち自民が20までを占めた。そのほとんどすべてが園芸・畜産等の集約農業地帯で、米主体は北海道の1選挙区のみである。

　2019年参院選では、農協系の農政連が推す候補（自民）が東北で落選、農協組織内候補の得票数も5,000票を切った。それに対して、九州と東海では同候補が5,000票を超え、愛知では2万票を得た[18]。

　しかるに、21年衆院選では、立憲は北海道で維持[19]、宮城1増（自民から）、福島2増（無所属から）、新潟2増（無所属から）、佐賀2増（独占）、福岡は自民3減、宮崎は立憲1増（自民から）、熊本・大分で無所属1増（熊本、鹿児島の無所属当選者は自民入り）と、前回参院選から立憲（野党統一）が東北・新潟で善戦するとともに、九州にもそれが拡がっている気配がある。

　先の読売の推計（11月1日）における野党勝利は佐賀、長崎、大分、沖縄の4県である。

　このように集約作農業地帯は従来から農業者の自民党支持の核だった。それに対して今回の衆院選、そこから推した参院選は、その集約

(18) 吉田忠則「サヨナラ『コメの政治』」読売、2019年8月18日。
(19) 北海道の12の小選挙区では、09年は民主11議席、12年は自民11、17年は自民6、立憲5、公明1と大きく振れてきた。

的農業地帯をかかえる九州で変化が起こるかもしれないという点で注目される。

II．2022年参院選

対処療法の争いに終わった参院選

参院選の結果は、**表6-6**によれば、「2021年衆院選の拡大（与党、維新）・縮小（その他野党）コピー」に過ぎなかった。

にわかに世界をゆるがす大問題が起こった。その一つは物価高騰。30年来賃金が上がっていない日本の生活にはとりわけ大きく響く。しかしその原因となると、コロナ禍、ロシアのウクライナ侵攻、アベノミクスの異次元金融緩和による円安→輸入価格の高騰など、根深くかつ複雑である。そのそもそもから始めることは選挙戦になじまず、各党とも対症療法をめぐる論戦に終始した。そして対症療法となれば、予算執行を握る政権党が強い。結果は与党の大勝に終わった。

政治をどう変えたいのか

しかし、参院選は衆院選のたんなるコピーでも、「中間テスト」でもなく、しばしば日本の政治を変える先ぶれになってきた。ねじれ国会に持ち込み、政権交代を準備し、衆院選はその確認に過ぎなかった

表6-6　主要政党の得票率　　　　　　　　　　単位：%

			自民	公明	維新	国民	立憲	共産
2022年 参院選	全国	選挙区	39	7	10	4	15	7
		比例区	34	12	15	6	13	7
	農政 モニター	選挙区	58	1	2	3	**23**	5
		比例区	**54**	3	7	4	**16**	7
2021年 衆院選	農政 モニター	選挙区	54	1	2	2	30	6
		比例区	44	6	5	2	26	10

注：農政モニターについては、日本農業新聞の出口調査（2022年7月11日、同21年11月1日)による。

歴史もある。

　参院選前のある世論調査（朝日新聞5月23日）で、「参院選をきっかけに政治が変わって欲しいか」の問に対して「大きく変わってほしい」が52％だった。しかるに「自民への対抗勢力として今の野党に期待できるか」については、「期待できる」はたった13％。では、どう「大きく変わってほしい」のか。そんな疑問をもって選挙戦を見てきた。

　その疑問への回答は「与党圧勝」にあった。参院選まで全てを先送りしてきた岸田「検討します内閣」に、「大きく変わってほしい」「決断しろ」というメッセージだったのだ。

　しかしその方向をめぐって、選挙戦終盤、事態が大きく動いた。自民党内にあって強烈に「右バネ」を利かせてきた安倍元首相が、選挙運動の最中、凶弾に倒れた。安倍を失った自民党には、党外からの「右バネ」の作用が強まることになる。いうまでもなく維新の存在だ。

　岸田内閣がそれなりにリベラル色を出そうとすれば、それに飽き足りない有権者は、維新に流れる。それを防ごうとすれば、岸田内閣自体が右シフトせざるを得ない。そのような影響は、憲法改正発議、防衛力強化等にいち早く現れるだろう。農政には維新からの新自由主義圧力が強まる。それが「大きく変わってほしい」方向だったのか、有権者は緊張感をもって見守る必要がある。

野党共闘をめぐって

　選挙戦が緊張感に欠けた最大の理由は、野党共闘が成立せず、「大きく変わって欲しい」という思いの「受け皿」がなかった点だ。野党は、先の衆院選の結果や時の世論、支持母体の連合の圧力を受けて、野党共闘を見限った。

　参院選の勝敗を決する1人区32議席をめぐり、野党は共闘すること

で、2016年11勝、19年10勝を挙げてきた。それが今回は4議席にとどまった。

一人区の野党4党の票を合計しても、2議席しか増えないという推計もある（読売、7月2日）。しかしそれは単純な足し算に過ぎない。それを越える大きな相乗効果を野党共闘はもつ。

世論も共闘に反対だったという反論もあろう。たしかに衆院選直後はそういう傾向もあった。しかし冒頭の朝日アンケートでは、野党統一候補への賛否は42％と46％と伯仲した。7月13日の読売アンケートでも、「野党は一本化した方が良い」50％、「思わない」37％だ。選挙結果を見ての話と言えばそれまでだが、次に活かすべき数字だ。

政権を問う衆院選とは違い、参院選では野党が基本政策でピタリ一致しなければならないということではない。人びとの思いが多様化し、小政党が林立する「ばらける時代」には、特定論点での共闘もありうる。今回の選挙で与野党の対立がはっきりしたのは、消費税引き下げか否かであり、その一点で統一する可能性もあったのではないか。

小選挙区制と一強他弱の体制下では、野党が共闘しない限り永久に日本の政権交代はない。政権交代の緊張がなければ政治は弛緩する。そのことを憂える。

農業者の投票行動

農業者の投票行動はどうだったか。表に戻ると、農業者の自民党への投票率は国民一般よりかなり高い。とくに政党選択色が強い比例区では倍以上も高まった。

昨年の衆院選と比較しても、自民への投票はかなり増えた。とくに比例区（衆参では意味が違うが）でそうだ。選挙前の農政モニター調査（日本農業新聞6月21日）では、自公政権の農業政策について、「評

価しない」が73％も占めたが、農政で期待する政党は自民党が50％と圧倒的だった。各政権の農政には強い不満をもちつつも、自民党に頼らざるを得ないのが農業者の実情だ。とくに生産資材の確保・価格抑制等については政治の即戦力に期待することになる。

　立憲への投票は国民一般よりかなり高いが、2021年と比較すると大幅に落ちている。維新や公明への投票も国民一般に比べて低い。

　岸田政権に「大きく変わってほしい」という思いは、農業者にとくに強いようだ。

農政の再確立に向けて

　選挙後の農政は、まず水田活用交付金の水張り問題の決着に向けた検討から始まる。農水省は、たんに５年に一度の水張だけでなく水稲作付けを条件づけた。自民党は「実態を踏まえた検討」を要請し、玉虫色だ。立憲・国民は交付金の法制化を訴えたが、農業者の支持をどこまで得られたか。

　問題の背後には、転作関係の負担削減という財務圧力があり、５年水張り（水稲作付け）しなければ水田にあらずとして、助成金の根拠となる水田面積そのものを減らしたい意向だ。しかし交付金をカットすれば、水田が畑地化するのではなく、耕作放棄地化していく。問題は、水張り云々を超えて、水田（たんぼダム）を食料自給率や国民生活の安全からどう位置付けるかだ。

　農林統計によれば水田作経営は５ha未満層、東海以西の地域では赤字だ。水田農業の危機をどう打開するかが、酪農等とともに大きな課題だ。一部野党は、農業戸別所得補償の復活・法制化等をもちだしたが、まずは旧民主党時代の米戸別所得補償のきちんとした検証が必要だ。

　株式会社の農業参入や農地所有権取得も決着を迫られている。維新の主張でもあるだけに、とりわけ注意を要する。株式会社の農地賃借はすでに認められている。借地は耕すしかないが、所有権となると金融資産でもあり、話は別だ。株式会社の農業参入は、市場経済では株式会社こそが最も効率的な企業形態だ、という家族農業へのイデオロギー攻撃でもある。

　食料安全保障、農業カーボンフリー、食料・農業・農村基本法の見直しは3点セットで取り組む必要がある。時節柄、生産資材（経済）安全保障に傾き、新基本法の見直しもそれにリンクしている。しかし新基本法の見直しの基本は食料自給率向上の目標に置かれるべきだ（**第2章［補2］**で修正）。カーボンフリーも食料自給率向上とリンクしなければ絵に描いた餅に過ぎず、その出口（財源と市場）を明らかにせずして現場は取り組めない。

　自給率、自給力を高めることを食料安全保障とカーボンフリーの土台に据えつつ、その枠を生産資材・原材料にも拡げていく。そのような観点に立つ農政の再確立が緊急の課題である。

Ⅲ．代表制民主主義の揺らぎ

代表制民主主義の危機

　衆院選の結果は1996年以降の小選挙区比例代表制という選挙制度の下でのそれであり、今回は「政権交代」が一部から提起はされたものの、選挙制度そのものの改革は争点にはならなかった。しかし近年、世界のここかしこで代表制民主主義そのものが危機に瀕している。一つはトランプの登場に代表されるように、代表制民主主義に基づく選挙を通じてトップになった者が、ポピュリズム的な手法[20]を用いつつ、民主主義を破壊する[21]。二つには、中国のように、そもそも選

挙を通じないで、権力（共産党）内のメリトクラシー（能力・業績主義）を通じて登りつめたトップが、権威主義的な統治を行い、経済成長と軍事強国化を達成し、コロナ対策でも「成果」をあげるなど、である。

　日本でも政権交代をもたらし、政界を浄化するものとして取り入れられた小選挙区制が、現実には一強他弱の政治と首相（官邸）への権力集中をもたらし[22]、その結果、権力の私物化（モリカケ、桜問題等）、民主主義の否定（閣議決定による集団的自衛権の行使、日本学術会議の任命問題等）が起こった。

　権威主義的な統治よりも代表制民主主義の方が優れているとされてきたが、なぜ以上のような「代表制民主主義の失敗」が起こるのか。民主主義を民意に基づく政治とすれば、その民意の反映・集約の方法としての選挙のあり方に問題があるのではないか。日本国憲法はその前文冒頭に「日本国民は、正当に選挙された国会における代表者を通じて行動」するとしているが、その「正当に」の追求方法が問われる。

　そこには民意を集約する方法としての多数決主義と、それに基づく具体的な選挙制度のあり方の問題があるが、まず多数決主義について考えたい。我々は民主主義＝多数決、要するに1票でも多い方が勝ち

(20) ポピュリズムには様々な理解があるが、ここでは、反エリート・大衆利益の確保を掲げて多数を獲得した場合には権威主義的な政治を追求する潮流をさす。
(21) 藤井達夫『代表制民主主義はなぜ失敗したのか』集英社新書、2021年。同書はテーマに関するわかりやすい解説だが、選挙制度のあり方の検討を飛ばして、ただちに代表制度そのものの改革（熟議世論調査、市民集会、参加型予算）に飛躍している感がある。また、「選挙」を通じた権威主義体制、独裁については、東島雅昌「権威主義体制の変貌する統治手法」『中央公論』2022年1月号。
(22) 待鳥聡史『政治改革再考』新潮新書、2020年、特に第2章。

と教わってきた（少数意見の尊重も同時に教わったが、それは道義的なものか、せいぜい記録にとどめる程度だった）。

　しかし、そもそもその元にある単純な多数決主義を疑う必要がある[23]。第一に、１人１票制としての多数決は、第三の候補が出た場合の「票の割れ」に弱い。現実の選挙でも第三、第四の候補が登場する（敢えて立てる）ことで「票の割れ」が生じ、当選が左右されることがままある。第二に、今日のように人びとのあり方や考え方が多様化し、また数多くの争点があるもとでは、争点Aについてa候補、争点Bについてb候補といった多様な選択がありうる。

　そのようななかでの民意集約の方法として、社会的選択理論によれば、選挙人が候補者に１位、２位、３位と順位をつけ、集計に当たって１位３点、２位２点、３位３点と配点し、その総計で１位を決める方式（ボルダールール）がふさわしい、とくに１つの選択肢を決める投票（首長選挙、小選挙区制）には同ルールがふさわしい、とされる[24]。現実の選挙への適用は法改正で可能だが、仕組みは複雑になろう。しかし民主主義＝多数決という常識に前向きの問題提起をしていることの意義は大きい。

小選挙区制の問題点―得票率と議席率の乖離

　多数決主義を極端に増幅したのが、アメリカの大統領選の州選挙人選挙や小選挙区制における勝者総取り方式である。

　日本では1993年に、政党助成法付きで中選挙制から小選挙区比例代表制に変更された。その理由の代表的なものは「政権交代を可能にす

(23)坂井豊貴『多数決を疑う』岩波新書、2015年。以下は坂井著による。
(24)ここで３、２、１点の配点は例示数ではなく、社会的選択理論による数理的な確定値である。

る」であり、副次的にリクルート事件のような政治腐敗、カネのかか
る政治の払拭だった。しかし本来、民主主義実現の手段としての選挙
制度は、民意をよりよく反映する仕組みであることが第一義であり、
政権交代等はその次で、その本末を転倒した制度改革だったといえる。

　図6-1は衆議院選での自民党の得票率と議席獲得率の関係をみた。
　とくに得票率・議席率乖離率（〈議席率/得票率−1〉×100）に注目
したい。この乖離率は、1993年までの年までの中選挙区制下では、ほ
ぼ11〜12％にとどまっていた（69年を例外として）。しかるに小選挙
区制移行とともに一挙に46％まで跳ね上がり、以降、30％前後を動い

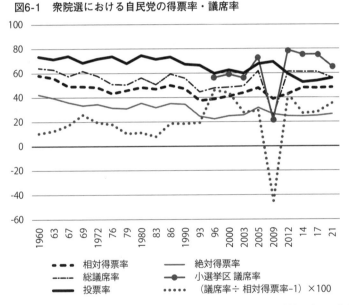

図6-1　衆院選における自民党の得票率・議席率

凡例：
- ‐‐‐‐　相対得票率
- ‐・‐・‐　総議席率
- ━━━　投票率
- ────　絶対得票率
- ─●─　小選挙区 議席率
- ·····　（議席率÷相対得票率−1）×100

　注：1）相対得票率…投票者に対する率、絶対得票率…有権者に対する率、96年か
　　　　らは小選挙区の率。
　　　2）石川真澄・山口二郎『戦後政治史　第4版』（岩波新書、2021年）のデー
　　　　タに2021年選挙結果を追加。

ていた。例外は政権交代の2009年の△36％、2012年の再政権交代時の
43％で、そのような著しい増幅機能が政権交代を可能にした。いわば
多数決増幅装置としての小選挙区制といえる。

そして近年は20％台だったが、今回選挙ではまた35％まで高まった。

以上から小選挙区制について次の二点を指摘できる。第一に、長期
低落傾向にあった自民党の議席率を回復させる作用をもたらした。第
二に、選挙の民意反映機能を低め、死に票率を高め[25]、投票率低下
の一因をつくり、日本における民主主義の劣化をもたらした。

当面の改革方向としては比例代表制のウエイトを高める、比例復活
枠（小選挙区の敗者が比例区で復活できる）より、単独比例枠（比例
区のみ）を増やすといったことが考えられている[26]。

小選挙区制の欠陥については、政治学者や制度設計に関わった多く
の政治家等が指摘しているが、今回、政権交代論が登場した割には、
その土台となるべき選挙制度のあり方が語られなかったことは残念で
ある。

二院制と一票の重みの格差

選挙制度めぐっては、他にも多くの論点があるが、本章に関連する
二点についてのみ触れる。

第一は、参議院のあり方で、小選挙区制下でしばしば衆参の「ねじ
れ」現象が起こり、それが一因で、「内閣の短命と外交の稚劣さ」を
もたらしたとし、そこには「参議院の在り方に無理」があるとする見
解がある[27]。自民党の有力者からも参議院こそが問題とする指摘が

---

(25) 与野党ともに惜敗率の高い候補者が多かったことは、死に票率の高さを
　　示唆する。
(26) 朝日新聞、2021年12月24日の「異議あり」における日野愛郎発言。

しばしばなされる。しかし民主主義の観点からは、二院制は「多数決の暴走」等を防ぐ一つの歯止めになりうる。「衆参で多数派が異なる『ねじれ国会』は、この制度が機能した結果起こる現象である」(28)。また選挙費用の問題はあるが、権力をチェックできる機会は多い方がよい。全国を対象とした比例区は政党選択になるので、地域利害にとらわれずに全国的イシューを争うのに適している。

　第二は、参院のあり方問題とも絡んだ、一票の格差の問題がある。とくに参院1人区が農村部に集中することで、自民党が「得意な農村部で1人区のおかげで勝者総どりできる」状況を生んできた(29)。しかし都市部への人口集中が極端に進むなかで、投票価値の格差が拡大し、憲法上の争点になり、2015年には2つの県を合わせた「合区」(鳥取・島根、徳島・高知)が生まれた。自民党は「参議院の合区解消、各都道府県から必ず1人以上選出へ」を憲法改正の四論点の一つにしている。

　また衆院についても1票の格差の是正として、15都県の小選挙区を「10増10減」する案が自民党内で議論されているが、党内には過疎地等の声が国政に届きにくくなるという反対論も多いようである（→[補]）。

　確かに国民平等の下で投票価値に著しい差が生じることは民主主義に反するが、他方では、人口の大都市集中を手放しにして、その流れに沿って定数是正することが民主主義と言えるだろうか。選挙を通じて地域利害を調整することも、(地域)格差の是正が焦眉の課題になっ

(27)加藤陽子『この国のかたち見つめ直す』毎日新聞出版、2021年、206頁。
(28)坂井、前掲書、82頁。
(29)菅原琢「政治」、小熊英二編『平成史［増補新版］』河出ブックス、2014年、137頁。その一角が崩れだしたのが2019年参院選である。

ている今日、民主主義の重要なテーマである。

（Ⅰ、Ⅲ…『農業・農協問題研究』77号、2022年3月、Ⅱ…『農業協同組合新聞』2022年7月20日）

［補］一票の重み是正をめぐって

　政府の衆院区割り審は6月16日に、新しい区割り案を首相に勧告した。10増10減案で、それも含め25都道府県の140選挙区で線引きを見直し、一票の格差を1.999倍と2倍未満に抑える。定数が1減るのが、宮城・福島・新潟の東日本3県、滋賀・和歌山・岡山・広島・山口・愛媛・長崎の西日本7県だ。増えるのが東京5、神奈川2、埼玉・千葉・愛知各1だ。とくに西日本では自民の独占県も多く、党内の反発も強かったが、選挙への影響を恐れ、参院選では議論しないことを与野党間で申し合わせた。

　参院については、本文でも述べた合区解消論が自民、立憲に強い。

　国民一人一人の価値を同等として差別を設けないのは民主主義の基本であり、選挙制度という核心において貫かれるべきことは言うまでもない（人口民主主義）。同時に、地域格差に基づく人口の大都市圏集中を追認する形で定数「是正」することもまた、どの地域に住もうと国民は等しく扱われるべきという民主主義（地域民主主義）に反する。

　人口民主主義を第一義として、衆院の定数是正はやむを得ないこととして、そういう衆院とは異なる観点を追求することに二院制の意義を認め、参院については地域民主主義の観点から各県最低一人の代表を認めて合区を解消することは、結果的に自民有利になるとしても、必要なことではないか。

おわりに─新基本法見直しへの視点

　筆者は21世紀に入り隔年で農政時論を出してきた。農政だけでつまらないので、同時に集落営農等の農村の動きを伝えることにした。2022年は前著から二年目になるが、コロナ禍で農村を歩くこともかなわなかったので、今年前半に書いたものをブックレットにとりまとめた。

　作業を始めた時は別のタイトルだった。しかし取りまとめてみると、全てが新基本法の見直しに通じることに気づき、急きょタイトルを変更した。そこで改めて新基本法見直しとの関係を述べておきたい。

　新基本法は、2000年からのWTOドーハラウンドで、国境を守るために多面的機能（食料安全保障を含む）を国際的に主張するにあたって（「WTO農業交渉日本提案」）、国内からそれを支えるために不可欠のものとして制定された。よって、そのドーハラウンドが2008年に決裂してしまうと、新基本法は早くも用済みとなった。第一次安倍内閣の日豪FTA交渉を始めとして、日本がメガFTAにのめり込むに従い、それは決定的となった。

　であればこそ、新基本法を逆手にとって、食料自給率の向上を要求する意味はあった。その意味は今も失われていない。しかし、自給率の向上という新基本法の目的達成はいよいよおぼつかなくなっている。新基本法の法的規範性を担保するための５年ごとの「基本計画」もマンネリ化し、農政の展開を追認するだけだった。新基本法は予算獲得の旗印にさえならなくなった。

　2022年５月、ロシアのウクライナ侵略で生産資材の確保がおぼつかなくなり、食料価格が高騰するなかで、自民党農林族のトップとなっ

た森山裕は、同党食料安全保障検討委員会の委員長として、新基本法
見直しを提起した。2022年9月から検証を開始、12月の活力創造プラ
ンに反映、24年通常国会に法案提出というスケジュールである（25年
基本計画に間に合わせるため）。

　森山は改正の必要性について、現基本法は生産資材の安定供給を前
提としているがそれが崩れた、環境負荷軽減や農村振興に向けた直接
支払い制度や、農業・農村整備の充実も必要だ、とくに「食料安保の
インフラとして重視しなければならないのが水田」だとした（日本農
業新聞、2022年5月4日、6月1日）。自給率目標への言及がない点
を除き、概ね妥当な見解である。とくに「環境負荷軽減や農村振興に
向けた直接支払い制度」の発言に注目したい。

　このような新基本法見直しの観点から各章を振り返ると次のようで
ある。

　第1章…新基本法制定当時と日本を取り巻く国際環境が激変した。
日本はメガFTAを率先してリードし、メガFTA等に取り囲まれた総
自由化の国になった。そのような国として農政の目標を改めて考える
必要がある。

　第2章…これまでの食料安全保障は冷戦（米ソ対立）・ポスト冷戦
（アメリカ一極支配）下での食料安全保障だったが、今や、今後数十
年にわたるであろう米中の覇権国家交代期に入り、「戦争」（米中間と
いうことではないが）がいつでも起こりかねない時代になり、「不測」
が「不測」ではなくなった。そのような時代の食料安全保障を考える
必要がある。［補］では食料自給力の比重を高めるべきとした。

　第3章…新基本法は「自然環境機能の維持増進」をうたった点で画
期的だったが、みどり戦略では、より具体的にカーボンニュートラル

をめざすことになった。そのために「必要な施策」を具体化し、消費者とともに、地域・農業者がまとまって取り組めるような体制構築が不可欠だ。

　第4章…水田作経営には大きな地域間、階層間格差が生じ、特定の地域・階層として経営危機に陥っている。森山は水田を「食料安保のインフラ」と位置づけたが、国土保全の「たんぼダム」としての重要性もそれに劣らず高い。その水田を全国・全階層一律の政策で守ることはもはやできない。

　第5章…基本計画や人・農地プラン法は、「効率的かつ安定的経営」や「専ら農業を営む者」の育成というこれまでの構造政策では、もはや農地も農業も守れないことを認めた。これは、これまで一貫して追求されてきた日本農政最大の課題である構造政策の見直しにつながる。「農業者」や「農業を営む者」をどう位置付けていくかが新基本見直しの最大の焦点になろう。

　第6章…基本法を見直す以上は、一度たりとも上向かなかった自給率向上という目標自体の再検討が必要であり、これは相当の議論を呼ぶことになる。現状をみると農政の審議会、研究会等はよほど学識・良識ある者のそれでなければ意味がなく、それより国会で基本法制定時並みの時間を取って議論した方がよい。しかるに選挙結果、とくに野党のあり方は厳しい[1]。野党は誤りを率直に認め、せめて論戦での共闘から再出発すべきである。

　小著が成るにあたっては、時宜に即したテーマを与えてくれ、かつ早期再録を認めてくださった紙誌の担当者に深く感謝する。第5章は

（1）自民党自体が、野党共闘があれば1人区10敗はありえたと敗失を試算した（朝日新聞、2022年7月26日）。

書き下ろしたが、元は、農業開発研修センターや全国農業委員会女性協議会等での講演に基づいている。あわせて感謝したい。

　本書の製作にあたっては、いつもながら、筑波書房の鶴見治彦社長、横浜国立大学の松﨑めぐみさんのお世話になった。

　杜甫は、「春望」(「国破れて山河あり」) で、「烽火三月に連なり」と嘆いた。コロナもウクライナも三カ月どころではない。杜甫もまた生涯を流浪した。先が見えないなか、実態を踏まえた議論のできる日が一刻も早く来ることを祈りたい。

著者略歴

田代 洋一（たしろ　よういち）

1943年千葉県生まれ。1966年東京教育大学文学部卒、農水省入省。横浜
国立大学経済学部、大妻女子大学社会情報学部を経て、現在、両大学名
誉教授。博士（経済学）。

近著

『戦後レジームからの脱却農政』（筑波書房、2014年）
『地域農業の持続システム』（農文協、2016年）
『農協改革と平成合併』（筑波書房、2018年）
『コロナ下の農政時論』（同、2020年）。

筑波書房ブックレット　暮らしのなかの食と農　�68

新基本法見直しへの視点

2022年9月23日　第1版第1刷発行

著　者　　田代 洋一
発行者　　鶴見 治彦
発行所　　筑波書房
　　　　　東京都新宿区神楽坂2－16－5
　　　　　〒162－0825
　　　　　電話03（3267）8599
　　　　　郵便振替00150－3－39715
　　　　　http://www.tsukuba-shobo.co.jp
定価は表紙に示してあります

印刷／製本　平河工業社
© 2022 Printed in Japan
ISBN978-4-8119-0633-1 C0061